알면 **살고** 모르면 **죽는**

운전은 프로처럼
안전은 습관처럼

김치현 · Jimmy Park 지음

머리말

국내에 자동차가 생산된 지가 벌써 50년이며, 대중화되기 시작한 것은 고작 30년이다. 벌써 한 세대가 지난 것이다. 30년 만에 전 세계의 자동차 생산 강국이 된 것은 역시 한민족의 뛰어난 기질이 한몫한 것임이 틀림없지만 이제 겨우 30년밖에 안 된 나라에서 자동차 문화가 잘 정착되었기를 바라는 것이 욕심일까?

예전에 필자가 미국에서 신호등이 고장 난 교차로에서 차량 한 대씩 돌아가면서 교차로에 진입하는 모습을 보고 놀란 것은 어찌 보면 자동차 문화가 100년이나 된 미국으로는 당연하다 할 수 있겠다. 이렇듯 자동차 문화는 하루아침에 바로 형성되는 것이 아니라 오랜 시간 동안 체화되어 비로소 정착되어가는 것이다.

자동차업계 어느 선배의 말처럼 "아이들은 뒷좌석에서 부모가 운전하는 모습을 보고, 그렇게 자란 아이들이 처음으로 자동차를 구매하고, 중고차로 팔고 다시 자동차를 구매하면서 한세대가 그 나라의 자동차 문화를 형성하고 발전시킨다"고 한다.

필자는 지난 20여 년간 자동차 관련 산업에서 종사하고, 운전 경력도 30여 년을 지녔지만, 얼마 전에야 알게 된 '안전운전체험센터'를 체험하면서 지난 30여 년 동안 운전대를 조작하는 방법이 잘못된 습관이었다는 것을 알게 되었다.

이 '안전운전체험센터'는 빗길이나 빙판길, 갑자기 생긴 장애물 등에서 간단한 조작만으로도 대형사고를 피해갈 수 있는 방법과 비상 시 탈출방법 그리고 심폐소생술 등으로 운전자 스스로 체험하는 교육프로그램으로 구성되었지만, 국내에는 이러한 인프라가 제대로 구축되지 않아 그나마 명맥을 유지하는 곳의 교육프로그램 일부를 독자들_{운전자들}에게 알리기 위해 본서를 집필하게 되었다.

그리고, 안전운전을 위하여 운전 습관도 중요하지만, 주행 전에 차량을 주기적으로 관리하여 사고를 미리 예방하는 것도 중요하므로 중간중간에 차량 관리하는 방법을 기재하였으니 필요할 경우 해당 페이지를 펼쳐보길 바란다. 아울러 여기서 사용한 차량은 쉐보레의 크루저와 기아자동차의 포르테, 일부는 혼다 CRV를 활용하였다.

끝으로 이 책이 출판될 수 있도록 물심양면으로 도와주신 도서출판 골든벨에 감사의 말을 드리며, 해외 레이싱 경험을 갖고 계신 공동저자인 Jimmy 님, 글로 표현하기 어려운 부분을 위해 거의 90여 장이 넘는 일러스트 작업을 한 백정원 작가와 옆에서 근무하며, 항상 기술적 자문과 고품질의 사진을 찍어준 정태욱 님께도 감사의 말을 드린다.

2013.12. 김치현

4 **운전**은 **프로**처럼, **안전**은 **습관**처럼

본서를 활용하는 방법

필요한 부분부터 읽자

본 서적은 각 장마다 별도의 주제를 갖고 있으므로 연속적으로 읽을 필요없이 목차의 제목을 보고 필요한 부분부터 바로 활용하기 바란다.

그림과 사진을 잘 활용하자

본서를 이해하기 쉽도록하기 위해 90여 장의 그림과 50여 장의 사진을 첨부하였으므로 글과 함께 이해하도록 하자. 이해가 가지 않으면 e-mail이나 인터넷 카페 등을 통하여 궁금증을 해소 하도록 한다.

몸으로 직접 체험해보자

책에 나와 있는 부분을 눈으로만 읽지 말고 실제 체험을 하여 느껴본 후에 운전할 때 평소 습관이 되도록 하자. 특히 안전운전을 위한 체험교육은 받아서 위험에 대처하는 능

력을 키우도록 하자.

안전한 운전은 차량점검에서 부터

  사고를 방지하는 것은 올바는 운전습관 뿐만 아니라 평소에 차량관리에서 시작된다. 본서의 중간중간에 쉬어가기 코너가 있으니 계절별 차량관리 요령과 후반부의 가장 기초적인 차량관리요령을 익히도록 하자.

QR 코드를 활용하자

  본서에 나와 있는 QR 코드는 스마트 폰의 마켓play 스토어, 앱 스토어으로 들어가 "QR 코드"로 검색 후 아래에 표기된 애플리케이션을 설치하여 스캔하면 동영상을 확인할 수 있다.
  ❶ QR BARCODE SCANNER
  ❷ SCANNER PRO -QR Code Reader

6 운전은 프로처럼, 안전은 습관처럼

목차

머리말_ 2

본서를 활용하는 방법_ 4

운전하기 전 이것만은 꼭!

- Safe driving 01 내 차 둘러보기_ 12
- Safe driving 02 시트 포지션이 왜 중요한가?_ 20
- Safe driving 03 핸들 조작의 중요성_ 24
- Safe driving 04 방향지시등은 옵션이 아니다_ 31
- Safe driving 05 여성 운전자도 도로 위에선 똑같은 운전자_ 35
- Safe driving 06 백미러 정조준으로 사각지대 없애기_ 41
- Safe driving 07 타이어 공기압이 주행안전과 제동거리를 바꾸어 놓는다_ 45
- 쉬어가기 01 봄철 차량관리요령_ 50

도로 운전 완전정복

- Safe driving 01 본 도로 합류 시 이런 걸 주의하라_ 54
- Safe driving 02 코너를 이렇게 주행하면 쉽다_ 61
- Safe driving 03 이면도로는 우범지대와 같다_ 72

Safe driving 04	병목 지점엔 꼭 이런 운전자들이 있다_ 77
Safe driving 05	겨울철 도로 노면의 특성과 빙판길 대처하기_ 80
Safe driving 06	눈길, 빙판길에서 스노체인을…_ 86
Safe driving 07	알쏭달쏭한 교통안전표지_ 92
쉬어가기 02	여름철 차량관리요령_ 102

위기탈출! 살아야 운전한다

Safe driving 01	한적한 도로! 자정과 새벽에 주의하라_ 106
Safe driving 02	예기치 못한 곳을 주의하라_ 110
Safe driving 03	주정차와 우회전 시 이걸 주의하라_ 119
Safe driving 04	왜! Y자 회피에서 2차 상황 사고가 자주 발생되는가?_ 121
Safe driving 05	고장으로 갑자기 멈췄을 때_ 124
Safe driving 06	스마트 폰과 이어폰을 낀 보행자를 주의하라_ 126
Safe driving 07	심폐소생술로 인명 구조하기_ 128
쉬어가기 03	가을철 차량관리요령_ 132

8 운전은 **프로**처럼, 안전은 **습관**처럼

목차

남들보다 운전 잘하기

- **Safe driving 01** 고속주행 시 옆 차와의 공기저항과 대처요령_ **136**
- **Safe driving 02** 구동 방식에 의한 자동차 운동성_ **139**
- **Safe driving 03** 주행 중 이러한 현상에 대처하라_ **142**
- **Safe driving 04** 잘못된 교차로에서 출발은 한 박자 늦게_ **148**
- **Safe driving 05** 급발진 시 응급대응_ **152**
- **Safe driving 06** 안전운전교육센터 둘러보기_ **155**
- **Safe driving 07** 안전운전, 체험하기_ **157**
- **쉬어가기 04** 겨울철 차량관리요령_ **164**

위험운전 미친 짓이다

- **Safe driving 01** 술만 먹으면 운전하는 운전자_ **168**
- **Safe driving 02** 깜박! 졸음운전_ **171**
- **Safe driving 03** 운전 중에 전화하고 문자하기_ **174**
- **Safe driving 04** 생명의 지킴이 안전벨트_ **177**
- **쉬어가기 05** 특별한 날을 위한 차량관리요령|장마철_ **180**

안전을 위한 차량 관리

Safe driving 01	타이어 점검 및 교환_ **184**
Safe driving 02	엔진오일 점검 및 교환하기_ **189**
Safe driving 03	브레이크 패드_ **194**
Safe driving 04	점검 및 교환하기_ **194**
Safe driving 05	에어컨 필터 점검하기_ **196**
Safe driving 06	냉각수와 부동액_ **198**
Safe driving 07	점검 및 교환하기_ **198**
Safe driving 08	배터리 점검 및 교환하기_ **202**
쉬어가기 06	특별한 날을 위한 차량관리요령 II장거리 여행_ **204**

부록

Safe driving 01	중고차 잘 고르기_ **208**
Safe driving 02	안전운전을 위한 정비소모품의 교체주기_ **213**
Safe driving 03	안전운전 FAQ_ **215**

운전하기 전 이것만은 꼭!

대한민국 자동차 2천만대 시대가 눈앞에 다가오고 있다. 인간의 생활을 위해 발전된 자동차가 이제는 생활의 윤택할 뿐만 아니라 때로는 위험의 아이콘이 되기도 한다. 잘 쓰면 유용하지만 못쓰면 위험한 자동차를 살짝 이해해 보고 잘 활용하는 안전운전 방법을 익혀 남자들의 마지막 장난감인 자동차를 내 인생의 동반자로 만들어 보자.

내 차 둘러보기

최신 스마트 폰을 구매한 사람들이 내부에 있는 전기회로도나 전자원리들을 공부할 필요가 있을까? 단지, 이용자에게 필요한 것은 휴대전화기을 잘 사용하는 방법을 빨리 익히고 숙달하는 것이다. 하지만 그게 쉬운 일인가? 점점 기능이 늘어나고 최신 과학의 발달도 사용하는 것만도 그다지 녹록하지는 않다.

그럼 차량은 어떠한가? 최신 과학기술이 급속도로 발전함에 따라 자동차 실내에도 조작하는 것들이 예전보다 많이 달라졌다. 심지어는 예전의 핸드 브레이크의 역할을 하는 풋 브레이크의 해제 방법을 모르면, 그것을 풀기 위해 많은 시간을 소모해야 한다.

본 서적에서는 차량의 조작방법을 깊숙이 다루지는 않겠지만 몇 가지 기본적인 것은 다루고 넘어가도록 하자. 더 자세한 내용은 차량 구매 시 제조사에서 공급된 '오너스 매뉴얼' 또는 시중에 나와 있는 자동차 관리 실용서인 '내 차 사용 설명서' 등을 활용하면 좋을 듯하다.

① 룸 미러, 핸들
② 계기판
③ 에어백
④ 통풍구
⑤ 중앙패널
⑥ 글로브 박스
⑦ 브레이크 페달
⑧ 변속레버
⑨ 바닥시트
⑩ 핸들

1장_ 운전하기 전 이것만은 꼭! 13

실내 둘러보기

안전운전을 위해 가장 기본적이면서도 중요한 운전 장치들이 모두 실내 내부에 설치되어 있다고 보면 된다. 특히, 긴급 시 차량의 방향을 조정하고 급하게 멈추는 기능을 하는 운전대_{핸들, 스티어링 휠}, 브레이크 페달_{브레이킹, Braking} 등은 유심히 살펴보고 가자.

또한, 최근의 차량에 많이 부착되고 있는 자동 전조등 장치, 자동빗물감지 장치, 정속주행장치_{크루즈 컨트롤}, 장치 등도 모두 안전을 위한 장치 등으로 눈여겨 보고 꼭 작동법을 익히도록 하자.

03 Cruise control '정속주행장치' 또는 '자동속도조절장치'라고도 하며 차량의 속도를 일정하게 유지하는 장치를 말하며 원하는 속도에 이르렀을 때 해당 버튼을 누름으로써 일정한 속도로 운행할 수 있으며 브레이크를 밟으면 자동으로 해제되는 원리이다.

크루즈 컨트롤

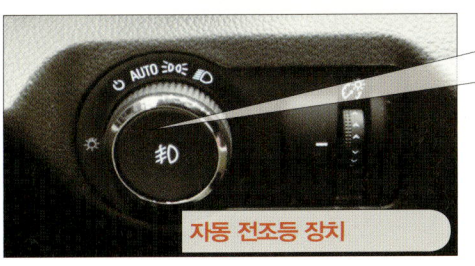

자동 전조등 장치

01 '오토라이트' 또는 '전조등 자동 점등점멸 장치'라고도 하며, 크래시 패드 위에 있는 조도 센서를 통하여 어두운 경우에는 전조등을 켜고 밝은 경우에는 전조등을 꺼주는 기능을 자동으로 해주는 것을 말한다. 최근에는 자동 전조등(AFS, Adaptive Front lighting System)의 기능이 차량이 회전하는 경우에 전조등이 약간 회전방향으로 움직여서 안전운행을 도와주는 장치로 발전하였다.

02 '우적감지 와이퍼 시스템' 또는 '우적감응형 와이퍼시스템'이라고도 부르며, 비가 올 때 강수량에 따라 앞 유리창에 부착된 센서가 파장을 감지하여 와이퍼를 속도를 자동으로 움직여주는 기능을 말한다.

자동 빗물 감지장치

엔진 룸 둘러보기

각 가정에 있는 대부분 가전제품의 내부를 뜯어 보기 위해서는 아마도 날을 잡아서 많은 시간을 할애하여 작업해야 할 것이다. 이는 곧, 가전제품을 일반인들이 뜯어서 내부를 볼 필요가 거의 없다는 것을 의미한다. 그런데 왜 자동차는 차량 앞쪽의 보닛이 스위치 하나만으로 쉽게 열 수 있게 되었을까?

가전제품과는 다르게 자동차는 수시로 보닛을 열어서 운전자가 확인해 주어야 하므로 운전자의 안전을 지켜주는 데 도움을 주기 때문이다. 아마도 차량을 구매하고 엔진 룸을 한 번도 보지 않은 운전자들이 있을 텐데, 지금 바로 주차장으로 달려가서 보닛을 한번 힘차게 열어보자.

물론, 동네 인근 차량정비소에 가면 다 알아서 해주겠지만 그래도 나의 생명을 지켜주는 소중한 내 자동차를 수시로 알 수 있게 해주는 좋은 기회를 자주 얻도록 하자. 또한, 차량은 가전제품과는 다르게 주기적으로 소모품들을 교환해줘야 하므로 너무 정비사에게만 맡겨두지 말고 스스로 점검주기를 확인할 수 있는 차가계부를 만들기 바란다.

엔진오일, 미션오일, 워셔액, 브레이크액, 배터리 상태, 부동액, 벨트, 파워스티어링 오일 등 모든 소모품의 점검을 엔진 룸 안에서 확인할 수 있다는 것이 너무 쉽고도 간단하지 않은가? 물론 용어가 낯설고 익숙하지 않지만, 운전자와 항상 같이하는 차량이라고 생각하면 그 정도 노력은 해야 할 듯하다.

본 서적에서는 뒷부분에 꼭 필요한 주요 소모품의 자가정비 방법을 넣어 두었으니 참고하여 내 차의 자가 점검도 꼭 따라서 해보자.

❶ 쇼크 업소바 마운트
❷ 브레이크 오일탱크
❸ 스토퍼
❹ 부동액 탱크
❺ 에어클리너 케이스
❻ 엔진오일게이지
❼ 배터리 등

외관 둘러보기

초기의 차량은 시동을 걸고 오랜 시간 동안 워밍 업warming up을 하였던 때가 있었다. 그 당시에는 엔진 오일이 충분한 시간을 두고 원활하게 윤활되어야 엔진에 무리가 없다고 판단하였던 시대가 있었다.

물론 최근에 출시되는 차량은 엔진오일 순환계통의 발전으로 그렇게까지 할 필요가 없다. 하지만 필자는 운전자에게 약간의 워밍 업 시간을 추천하고 싶다. 그러면서 시동을 켜고 나서 자동차 외관을 둘러보도록 한다.

자동차 외관을 확인하는 것도 중요하지만, 특히 습관적으로 타이어의 외관과 공기압 상태를 확인하도록 하자.

워밍 업을 할 때에는 차량에서 인체에 해로운 **배출가스**가 다량으로 나오므로 밀폐된 공간에서는 하지 말고 야외주차장에서 해야 하며 워밍 업을 하는 동안에 차량 주위를 둘러봄으로써 운전자의 안전뿐만 아니라 환경보호도 같이 고려해야 한다.

차량 외관 검사(타이어 펑크)

바닥 둘러보기

운전자가 자신의 자동차 하체를 볼 기회가 자주 있을까? 물론 가끔 차량정비소에 가서 리프트를 이용해 자동차가 띄워질 경우에는 가능하겠지만, 평소에는 보기 힘들 것이다.

여기에서 사진으로나마 자동차 하체를 구경해 보고 다음에 정비할 기회가 있으면, 꼭 내 자동차의 하체 부분을 사진 한 장 정도는 찍어 두어 보관하여 부품 상태들을 갈음해 보도록 하자.

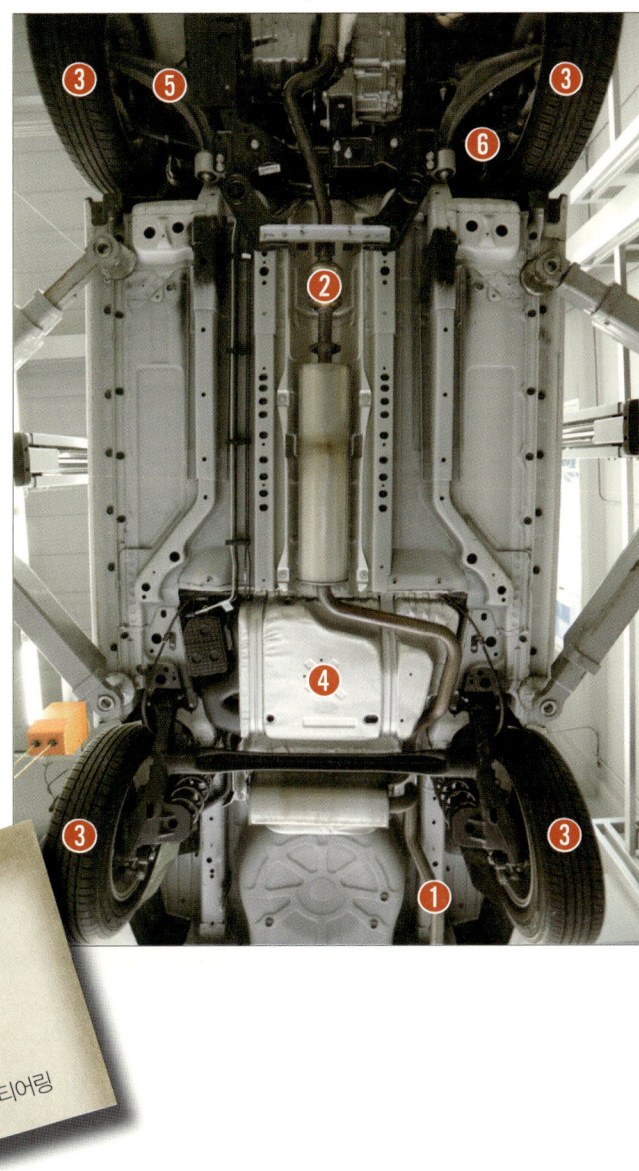

❶ 소음기
❷ 촉매장치
❸ 타이어
❹ 연료탱크
❺ 로어암
❻ 파워스티어링

1장_ 운전하기 전 이것만은 꼭! 19

시트 포지션이 왜 중요한가?

운전자의 시트 포지션seat position은 도로 주행 때 올바른 정보 수집과 조작은 물론 무엇보다 돌발상황이나 사고에 대한 대처 등에 매우 중요한 역할을 한다. 주행 중인 차량을 보면 엉덩이를 앞으로 내밀고 등받이를 뒤쪽으로 눕힌 상태의 운전자를 적잖게 볼 수 있는데 이는 아주 위험한 운전 자세이다. 올바른 시트 포지션은 주행할 때에 다양한 조작과 돌발상황 등을 안전하게 회피할 수 있는 자세임을 꼭 기억하자.

자동차 운전석 시트는 가정집의 소파가 아니다

넉넉한 각도로 등받이를 뒤로 제치고 한 손으로 운전대를 잡고 운전하는 사람은 자신에게 그 자세가 가장 편안하고 이상적인 시트 포지션으로 습관 되어 있겠지만, 결코 운전석의

시트는 가정집 소파가 아니며, 운전대는 텔레비전의 리모컨이 아니다.

　운전하면서 가장 편하다고 생각하는 자세는 돌발상황이나 사고 대처 시 빠르게 대처를 할 수 없으며, 물론 더 큰 부상으로 이어지기는 위험성까지 잠재된 잘못된 포지션임을 알아야 한다. 여기서는 자신의 안전을 위해서라도 운전할 때의 올바른 자세에 대해 알아보도록 한다.

올바른 시트 자세

시트 포지션은 이렇게 가져 가라

아래 그림에서 설명되어 있듯이 시트 등받이에 엉덩이가 고정되게 한 후 운전대 위에 두 팔을 뻗어 운전대 상단에 팔목을 걸쳐지게 한다. 그리고 나서, 등받이를 전후로 조절하여 상체가 안정되게 하면 된다. 그림처럼 팔목이 운전대 상단에 위치하게 되면 자연스레 등받이 위치도 운전대에 맞게 되어 자연히 자신에게 알맞은 위치로 맞춰지게 된다.

팔목 안쪽으로 조금 더 위치하는 사람은 자신의 신체 크기에 맞게 시트를 앞뒤로 조정하면 되고, 또한 이러한 포지션으로 맞추게 되면 하체 역시 자연스럽게 되어 페달 조작할 때에도 알맞은 힘으로 전달될 수 있는 자세가 된다. 특히 브레이크 페달을 밟는 경우 몸을 움직이지 않고도 발로만 브레이크 페달의 하단까지 밟을 수 있도록 조정해야 한다.

팔목이 운전대 상단에 위치하게 되면 주행할 때 운전대 조작이 편해져, 이 올바른 시트 포지션에 습관이 되면 전체적으로 안정된 자세가 되어 안전운전에 큰 도움이 된다.

평소 운전대 조작 시 상체가 운전대에서 멀 경우, 분명 시트 포지션에 문제가 있으며 운전대 조작의 불편함과 돌발상황이 발생하면 신속하게 대처하기 어렵다. 반대로 운전대와

상체가 너무 가까워서 팔꿈치 각도가 너무 좁아도 역시 조작이 불편하다. 올바른 시트 포지션 습관을 두어 운전대 조작 능력을 키워보자.

그리고 이때 머리는 시트의 윗부분인 헤드 레스트 head rest 의 중간 부분에 위치해야 하며 운전 중에는 항시 헤드 레스트에 붙여 운전하는 습관을 길들여야 한다. 이는 사고 시 충격으로 인하여 신체에 큰 후유증을 주기 때문이다.

많은 운전자가 사고 시 척추에 손상을 입는 대부분 원인은 머리 뒷부분이 헤드 레스트 중앙 부위에 놓이지 않을 뿐만 아니라 항상 헤드 레스트에서 떨어진 채로 운전하는 습관으로 인하여 발생하고 있기 때문이다.

헤드 레스트를 붙여 놓은 상태

24 운전은 프로처럼. 안전은 습관처럼

핸들 조작의 중요성

　　　　자동차를 타고 운전을 하기 시작하면서부터 운전자의 손은 계속하여 운전대_{핸들, Steering wheel} 조작을 하게 되는데, 과연 운전자 대부분이 올바르게 운전대를 잡고 운전을 하고 있을까? 이번 장에서는 가장 기초가 되면서도 쉽게 고칠 수 있는 올바른 운전대 조작방법을 알아보자.

올바른 파지법

운전대를 잡았을 때의 그립감이 안정되어 있고, 좌우 힘 전달과 조작을 위한 균형 감각 역시 안정감이 있다. 사고 시 운전대를 이용한 순간 지탱력 또한 좋다.

교통사고 시 손목과 팔을 보호하라

교통사고 후 손목과 팔을 다치는 운전자들을 쉽게 볼 수 있는데 왜, 이러한 부상에서 우리는 쉽게 노출되어 있는가? 이러한 원인은 평소 운전자들이 운전대를 잡고 있는 습관에서 그 원인을 찾을 수 있다.

01 운전대를 잡는 그립감이 불안정하며 빠른 대처가 늦는 파지 사례

잘못된 파지법 사례-1

02 유사 상황 시 손목을 다치는 대표적 잘못된 사례

잘못된 파지법 사례-2

03 운전대에 전달되는 힘과 조작성이 불안하고 돌발 상황 시 운전대를 이용한 대처가 상대적으로 늦다.

잘못된 파지법 사례-3

1장_ 운전하기 전 이것만은 꼭! 25

주행 중에 눈을 돌려보면 적잖은 운전자들이 한 손으로 운전대를 잡고 조작을 하고 있거나 차선변경이나 유턴할 때 손바닥을 이용하여 운전대를 조작하는 걸 볼 수 있는데 이러한 습관은 매우 위험하다.

때로는, 고르지 못한 도로 노면에서 조작이나 돌발상황 발생 시 잘못된 습관으로 빠르게 대처하지 못하여 예기치 않은 크고 작은 사고 등을 맞이할 수 있다. 이러한 위험한 상황에서 나 자신의 안전을 지키기 위해서는 평소에 올바른 시트 포지션과 올바른 운전대 조작이 매우 중요하다는 것을 알아야 하겠다.

왜, 교통사고 시 손목 골절과 팔에 부상을 당하는가

원인은 평소 한 손이나 손바닥을 운전대 안으로 넣은 상태에서 조작하기 때문이다. 자동차의 운전대는 주행 상태에서 회전시키면 운전자가 별도의 조작없이 원래의 위치로 되돌아오게 되어 있다.

일반적으로 돌발 상황이나 사고를 회피하려고 운전대를 급하게 조작하게 되는 데 다행히 상황을 벗어나면 괜찮으나 이후, 사고 상황을 회피하려 급히 틀어두었던 운전대가 기계적 작동으로 인해 아주 빠른 속도로 역회전하게 된다.

이때, 운전자의 손이 운전대 안쪽 근처에 자리 잡고 있다가 운전대의 역회전으로 인해 골절이나 큰 부상을 당하게 된다.

그런 상황에서 운전대의 역회전 속도는 대처 자체가 어려울 만큼 매우 순간적이고 빠르게 발생한다. 여기서 운전자가 왜, 평소에 양손으로 운전대를 잡고 안정된 조작을 해야 하는지를 알 수 있다.

논크로스 운전대 조작을 배워두어라

다양한 돌발상황 대처 시, 차량의 주행의 편리성과 안정성을 얻으려면 논크로스Non-cross 운전대 좌우 겹치지 않는 스티어링 파지법 조작요령을 익혀두고 습관화해야 한다. 운전대 조작성도 편리해지지만 사고 시에도 팔목 골절이나 팔에 부상을 당하는 불행을 피할 수 있다.

부상을 당하고 싶지 않다면 운전대는 언제나 두 손으로

우선 운전대 조작은 양손을 항상 9시 15분 위치에 두는 습관을 지니도록 한다.

논크로스 요령은 이렇게

실례로 오른쪽으로 깊게 굽어진 코너 또는 유턴u-turn을 해야 하는 상황에서 운전대 조작을 어떻게 해야 하는지를 다음 그림을 통해 배워 보자.

28 운전은 프로처럼, 안전은 습관처럼

01 운전대를 잡는 가장 기초적인 파지법으로서 주행 중에도 두 손의 위치를 9시 15분 위치에 두는 습관을 지닌다.

02 화살표의 실선은 손으로 직접 잡고 돌리는 표시이다. 우측으로 회전을 위해 좌측 손과 우측 손이 운전대에 미끄러지듯 그림 위치처럼 필요량에 의해 10시 또는 12시 방향에서 만나게 하면서

05 우측으로 회전하여 올바르게 직진방향이 되면 두 손은 다시 9시 15분 위치에서 만나게 된다. 원위치를 위해 운전대를 풀어줄 때도 그림의 역순으로 하면 편하다.

 회전 시엔 천천히, 원위치 시엔 빠르게

회전을 위해 운전대 회전 속도와 그 범위는 상황에 맞게 가져가지만, 회전 후 다시 직진방향을 위해 원위치해야 할 땐 운전대 조작 속도를 빠르게 회전시키면, 자동차가 뒤뚱거리는 롤링 현상이나 잠시 한쪽으로 치우치는 현상이 없다. 이 습관을 잘 익혀두면 순간 회피(Y자 회피) 시 2차 사고 예방에도 매우 도움이 된다. 평소의 작은 습관이 때론 큰 도움이 되기도 한다.

03 화살표의 실선은 손으로 직접 잡고 돌리는 표시이며, 화살표의 점선은 손을 미끄러지듯이 움직이는 것을 나타낸다. 우측 손의 힘으로 회전의 필요 범위를 당기면서 동시에 좌측 손은 미끄러지듯 6시 방향으로 내려오면 6시 방향에서 양손이 대칭되게 만나게 된다.

04 화살표의 실선은 손으로 직접 잡고 돌리는 표시이며, 화살표의 점선은 손을 미끄러지듯이 움직이는 것을 나타낸다. 핸들 03번에 이어 좌측 손이 우측으로 운전대를 밀면서 동시에 우측 손은 운전대를 잡고서 미끄러지듯 올라가면 이번엔 12시 방향에서 양손이 대칭되어 만나게 된다.

운전대 조작은 9시 15분 위치에서 두 손으로

그 외, 국도, 고속도로에서 만나는 코너 각도는 그리 깊지가 않기에 9시 15분 양손 위치에서 필요한 양을 만큼 가져가면 되고 회전 후 원위치 시엔 위 설명처럼 운전대 조작 폭이 클수록 빠르게 원위치하는 습관을 익혀 둔다.

논 크로스 스티어링 하는 방법

이 요령으로 코너 회전 각도의 필요량에 따라 천천히 또는 빠르게 논크로스 운전대 조작 속도를 가져가면 된다. 논크로스 운전대 적응은 처음 익숙하기까진 조금 시간이 걸리지만 조작 요령에 익숙해진 후 예전처럼 다시 한 손으로 운전대를 조작해보면 예전과 달리 오히려 한 손 조작이 더 어색하고 불안정하게 느껴지는 걸 경험하게 된다. 운전대 조작을 많이 필요로 하는 이면도로의 굽어진 골목길에선 운전대 조작이 더욱 쉬워짐도 경험하게 된다.

1장_ 운전하기 전 이것만은 꼭! 29

내 운전대의 흉기를 떼라

운전대 조작의 편리함을 위한 부착물일까? 아니면, 사고 시 가슴 부위를 다치게 하는 흉기일까? 실제 충돌사고 시 이 부착물에 의해 가슴을 다친 사례가 뉴스에 보도되듯 이러한 부착물은 정상적인 조작을 방해함은 물론 부착물 하나에 의지하여 운전대를 조작한다는 건 부자연스런 차량 회전 운동성을 유발하게 된다.

이러한 부착물은 편리성보다는 부상의 위험성이 더 크기 때문에 과감하게 떼어 내자.

운전대 부착물

방향지시등은 옵션이 아니다

차량을 운전하면서 차선을 바꾸거나 좌회전 또는 우회전 시 다른 차량에 소리를 질러서 내 차가 진행하고자 하는 방향을 알릴 수 없다. 이러한 운전자의 외침을 대신하여 차량에는 방향지시등이 있고 방향지시등을 통하여 다른 차량에 내 차가 움직이고자 하는 방향을 알려줌으로 충돌을 방지하는 것이다. 운전경력이 오래되고 능숙한 운전자일수록 잘 사용해야 할 것이다.

사고를 피하고 싶으면 방향지시등 조작을 습관화하라

한적한 길을 걷는 데 뒤에 오는 자전거에서 따르릉 경적을 제공했을 때 우리는 뒤를 돌아보게 되고 뒤편의 자전거를 의식하면서 자전거와 보행자도 주의를 요구하게 된다. 반면, 경적 없이 보행자 옆을 휭~하고 지나가면 보행자는 순간 놀라게 되어 짜증을 동반하게 된다.

우리는 불특정 다수 운전자가 공유하는 도로에서 주변 자동차에 의해 기분 좋은 주의와 기분 나쁜 짜증을 자주 경험하게 된다.

자동차에는 자신의 의사를 주변 운전자에게 전달하는 방향지시등이 있다. 이 방향지시등은 자동차 구매계약 시 선택하는 옵션품목이 아니며 모든 차량에 있고, 위치 또한 조작하기 쉬운 곳에 있다. 하지만 도로에서 방향지시등 조작마저도 귀찮아하는 운전자들이 많다.

좁은 차선, 많은 차량이 공유하는 도로에는 몇 가지 운전 에티켓이 있다. 그중 차선을 바꾸거나 회전 또는 잠시의 정차 등 자신의 상황 전달을 위해 주변 차량에 대한 방향지시등을 켜주는 배려도 그 에티켓 중의 하나다. 방향지시등 조작을 습관화하자.

방향지시등 1_ 백미러

방향지시등 2_ 전조등

방향지시등 조작할 때와 조작하지 않을 때 후미의 운전자가 느끼는 건 확연히 다르다

앞차가 차선 변경할 때 방향지시등을 켜 주게 되면, 뒤차는 자연스럽게 인식을 하게 되고 속도를 줄여야 할 거리라면 여유 있게 브레이크 페달에 발이 옮겨 주행 흐름을 안전하게 공유하게 된다.

반면, 방향지시등을 켜지 않고 주행할 차선의 뒤쪽 차량 앞에 차선을 변경하게 되면 거리에 따라서는 후미 차량의 운전자는 예상 못한 상황에 급히 브레이크 페달에 발이 올라가게 된다.

01 차선 변경한 앞차 방향지시등 표시로 운전자의 표정이 한결 가볍다.

02 방향등을 켜지 않았을 때의 뒤차 운전자의 상황

방향지시등 조작 하나가 때로는 뒤차 운전자에게 여유와 안전한 대응을 할 수 있도록 하기도 하고 때로는 불필요한 짜증과 급한 동작을 하게 한다.

많은 차가 주행하는 도로에서는 자신이 앞차 운전자가 되기도 하고 때로는 뒤차 운전자가 되기도 한다는 것을 꼭 명심해야 한다. 본인이 짜증을 겪기 싫다면 짜증을 주는 행위도 해서는 안 된다.

대형차 앞으로 끼어들 시 대형차 운전자를 배려하라

대형차는 일반 승용차와는 달리 제동을 위한 브레이크 양이나 제동거리가 길다. 대형차 운전자 입장에서는 전방에서 너무 가까이 끼어드는 차량이 있으면 순간 대처가 승용 운전자보다 매우 급하게 된다.

반대 관점에서 보면, 일반 승용차 운전자들은 대형차 운전자의 제어 상황을 이해하고 배려하는 편은 아닌 것 같다. 대형차 앞으로 끼어들 때에는 대형차 운전자의 제동 대처가 일반 승용차 보단 어렵다는 걸 인식하여 유의할 필요가 있다. 속도가 빠른 상황이라면 더욱 유의해야 한다.

올바른 대형차 앞 끼어들기

충분한 거리 확보 후 차선변경

여성 운전자도 도로 위에선 똑같은 운전자

자동차는 연료만 주입하면 탈 없이 굴러가는 걸로 알고 있는 운전자가 많다. 여성 운전자의 경우엔 자동차에 대한 관심도나 문화적 측면에서 남성보다 지식습득이나 관심도 등 학습하려는 적극성은 아직은 남성운전자보다 상대적으로 부족한 편이다. 최근에는 여성 운전자들이 많이 늘어 난 걸 도로에서 볼 수 있으며. 이젠 여성 운전자도 예전처럼 배려받는 운전자가 아닌 도로 위에선 똑같은 운전자일 뿐이다.

배우고 습관화를 하라

사회활동의 참여와 결혼 필요성의 여부, 그리고 적령기의 변화로 사회활동을 하는 여성들이 많이 늘어났으며, 사회 활동 연령대 역시 50대까지 폭이 넓어졌다. 이런 현상은 여성의 자동차 구매 수요를 상승시키고 직접 운전하는 여성 역시 빠르게 늘어난 반면 자동차의 기본적 지식은 전혀 모르거나 무관심한 운전자도 더 늘어나고 있다.

여성 운전자들도 가장 기초적인 것을 배우고 익히는 적극성을 가져 보자

첫째, 내 차의 엔진오일은 언제 교환했고 언제 교환해야 하는가?
둘째, 내 차의 변속기오일의 교체는 언제 했으며 교환주기는 언제가 되는가?
셋째, 타이어 바닥의 마모는 어느 정도 닳았는가?
넷째, 타이어 공기압이 처음 주입 시보다 빠진 정도가 많은지 괜찮은가?
다섯째, 브레이크 패드는 교환까지 어느 정도 남아 있는가?
여섯째, 전조등, 방향지시등, 브레이크등은 제대로 작동을 하는가?

위에서 점검한 자동차 유리 관리를 위한 몇 가지 소모품은 자동차 주행 안전과 밀접한 관계가 있으며 굳이 자동차의 작동원리나 내부구조까진 아니더라도 자신의 안전과 자동차의 정상적 유지를 위해서라도 알아두어야 할 내용이다.

가까운 서점이나 인터넷으로 간단하게 검색해보면 운전자에게 도움이 되는 내용으로 구성된 책들이 다양하게 출판되어 있으니 이번 기회에 차량관리를 위한 책도 관심을 가져보자.

운전자가 기본적으로 대처할 수 있는 이런 부류의 책 한 권 정도는 자신의 차 안에 두고 활용하면 돌발 상황에서도 당황하지 않고 차분히 대처할 수 있을 것이다.

운전대의 패션을 벗겨내어라

여성 운전자의 차량에서 쉽게 볼 수 있는 것으로 운전대에 섬유 계열이나 다양한 운전대 커버가 덧씌워져 있는 걸 자주 본다. 여성 특유의 아름다움을 꾸미고 패션적인 시각으론 이해가 되지만 그런 패션 물은 손에 잡히는 운전대의 그립력Grip을 저하함을 유의해야 한다.

운전대 커버, 대시보드 위, 뒤 유리창 부분 패션물

도로환경비포장도로, 포트홀 등에 의해 운전대로 전달되는 것을 느끼게 되는데 돌발상황이나 위급상황 시 급하게 운전대를 조작할 때에 운전대 커버로 인해 감각이 둔하거나 손바닥에 잡히는 그립력이 저하되어 미끄러지거나 의도한 대로 조작이 어렵다. 운전대를 잡고 있는 손바닥의 감각은 달라붙듯 그립력이 좋아야 민첩하게 대처할 수 있음을 인식해야 한다.

또한, 운전자의 취향에 따라서 실내 장식을 하기도 하지만, 전방의 시야를 가리는 대시보드 위, 사이드미러의 시야, 후미를 가리는 액세서리들은 안전운전을 위해 과감히 떼어내자.

운전하기 편한 운동화 하나는 준비해 놓자

여성에게 하이힐Heel은 아름다움의 패션으로 모든 여성에겐 필요한 신발이지만, 하이힐은 운전 시의 페달 조작엔 불편함과 위험성을 가지고 있다.

하이힐의 구조를 보면 앞Toe은 좁고 뒤 굽인 힐은 가늘고 높은 구조로 되어 있다. 이러한 구조는 급제동 시 좁은 앞부분으로 인해 브레이크 페달 표면을 밟는 면적이 좁고 그 힘도 약할 수밖에 없다. 가늘고 높은 뒤쪽은 바닥을 지탱하는 힘도 약하지만, 무엇보다도 지탱 면적이 좁고 약해 제대로 된 페달 조작과 힘의 전달이 약하여 매번 불편함이 뒤따른다.

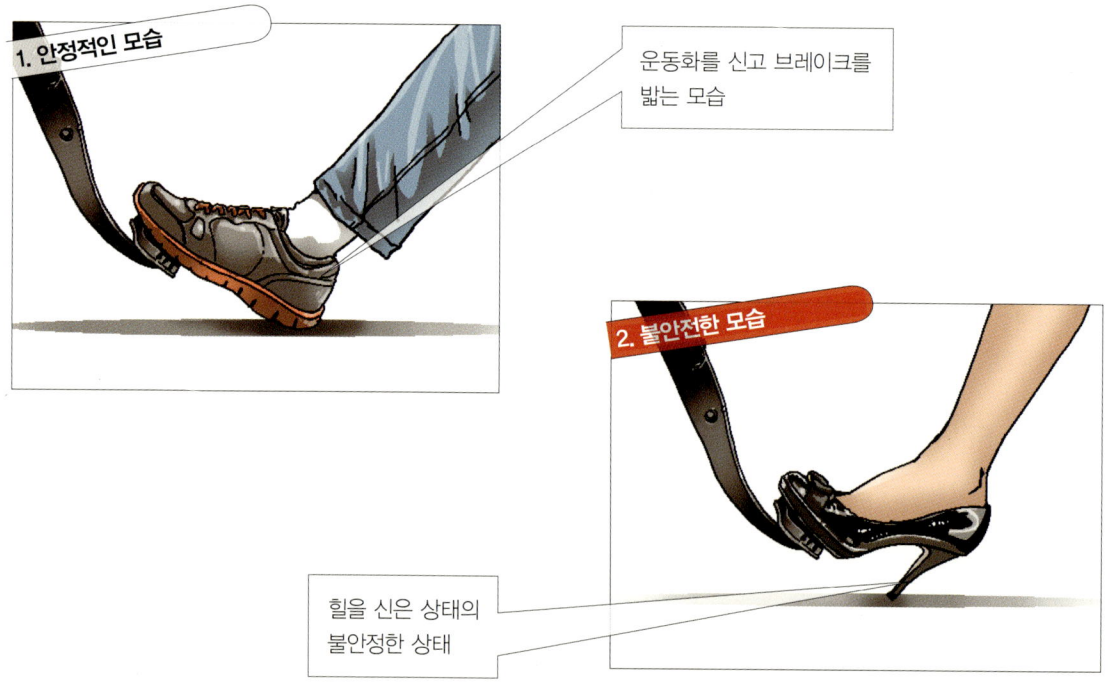

사회활동과 업무를 위해 자동차 주행이 잦은 여성 운전자라면 자신의 차 안에 편안한 운동화나 그와 유사한 신발을 하나 준비해 두고서 운전할 때에만 바꿔신고 운전을 하면 안전운전에 큰 도움이 될 것이다.

도로에서의 운전은 미적美的 아름다움보단 안전한 운전이 더 우선인 것을 명심하자.

운전대와 가슴 사이의 공간을 가까이 하지 말자

여성 운전자 중에는 운전대와 가슴 간격이 매우 좁은 상황에서 운전하는 여성 운전자를 쉽게 볼 수 있다. 신체적인 조건으로 인한 여성도 있을 거며 보닛 앞 끝 부분의 시야 확보를 위한 방법으로 그 위치를 선호하는 여성도 있을 거다.

반면, 이러한 시트 포지션의 문제점으로는 우선, 운전대와 신체가 가까울수록 운전대를 잡고 조작하는 양팔의 굽어진 각도가 좁아 좌우 조작이 불편하며, 운전대를 잡고 지탱하는 팔목 또한 부자연스럽게 된다. 이런 조건은 빠른 조작이나 회피할 때 결코 민첩한 대처가 어렵고 가장 우려되는 건 사고 시 운전대와의 좁은 간격으로 인해 가슴부위를 추가로 부상당하는 위험 또한 잠재하고 있다는 것이다.

본서의 앞부분에 올바른 시트 포지션으로 하는 요령이 설명되어 있으므로 반드시 올바른 시트 포지션을 정한 후에 필요한 만큼 시트를 전후로 조절하여 훨씬 편하고 안정된 자세로 운전대를 조작하자.

백미러 정조준으로 사각지대 없애기

차량 옆면 양측에 뒤쪽의 차량을 보기 위한 거울을 우리는 흔히 백미러 back mirror 라고 부른다. 정확한 영어 표현은 리어 뷰 미러 Rear view mirror 라고 하는 것이 맞겠으나 국내에서 통상 백미러라고 부르니 이 책에서는 그렇게 부르자.

운행 중에 후미에서 오는 모든 차량을 조그마한 백미러를 통하여 모두 볼 수는 없으며 분명히 사각지대가 존재한다. 만약 내 차가 100km/h로 주행 중에 좌·우측 후미의 사각지대에서 같이 주행 중인 차량을 인식하지 못하고 차선을 이동하는 순간, 예기치 못한 대형 사고가 발생하게 된다.

시야 확보가 좋게 사이드미러를 조정하자

지나치게 위를 향한 사이드미러, 지나치게 아래로 향한 사이드미러 위치는 도로의 좌·우측 차량 정보를 잘 읽을 수가 없다.

이는 매우 불안하고 잘못된 사이드미러 위치로 운전자의 빠른 대응을 방해하는 장애요인이 된다. 운전자가 자주 바뀌는 차량이라면 수시로 사이드미러의 위치를 조정하도록 하자.

이렇게 사이드미러를 위치해 두면 편하다

우선, 좌·우 사이드미러를 보기 위해 좌·우측으로 돌렸을 때 고개나 눈동자를 상하로 움직여야 확인되는 위치라면 사이드미러 위치가 잘못된 각도이며, 고개와 눈동자가 좌우 그대로 움직임에 의해 확인이 되는 위치에 두었다면 올바른 위치에 놓여 있다고 볼 수 있다.

올바른 사이드미러의 위치는 전방을 주시하는데 편하고 안전하다.

1. 백미러 조정 전 모습

2. 백미러 조정 후 모습

사각지대를 줄이기 위한 백미러 조정

최근 차량의 기술은 사각지대에 차량이 있을 때 백미러에서 경고등이 반짝이거나 시트의 진동으로 운전자에게 알려주기도 하지만 아직 모든 차량이 그런 장치가 되어 있지 않기 때문에 수동으로 백미러 조정을 해보자.

운전자는 앞쪽에서 설명했듯이 항상 머리를 헤드레스트에 거의 붙여서 운전한다고 가정했을 때 백미러에 보이는 내 차의 뒷부분이 최소화하도록 조정하여 사각지대를 최소화할 수 있다. 내 뒤에서 쫓아오는 차량에 대응하기 위해 너무 안쪽으로 조정하는 운전자가 있는데 이는 차량 안에 있는 룸미러_{room mirror}을 활용하도록 하고 백미러는 사각지대의 차량을 최대한 확인할 수 있도록 조정하도록 하자.

몸으로 이동을 통한 사각지대 최소화

운행 중에 차량을 좌측이나 우측으로 차선 변경을 할 경우 여러분들은 어떻게 하는가? 대부분 백미러만을 보고 차량에서 보이는 것을 믿고 그냥 그대로 차선을 바꾸거나 조금은 안전운행이 습관화된 운전자는 그나마 깜박이_{방향 지시등}를 넣고 차선을 변경하곤 한다. 차선을 변경하기 전에 깜박이는 넣는 것은 혹시라도 백미러에 보이지 않는 사각지대의 차량과의 추돌 사고를 사전에 방지하기 위함이다.

혹시, 외국 영화를 보면 차선 변경 전에 백미러 확인하고 나서 꼭 얼굴을 돌려 실제로 확인 후 차선을 변경하는 것을 본 적이 있는가?

1장_ 운전하기 전 이것만은 꼭! **43**

왠지 익숙하지 않은 사람들에게는 어색한 행동이긴 하지만 사각지대의 차량사고를 방지할 수 있는 아주 좋은 방법으로 적극 권장한다. 그렇다고 너무 오랜 시간 옆을 주시하다가는 전방이 위험함으로 빠르게 옆을 확인하고 전방을 주시해야 한다. 필자가 미국에서 운전면허증을 취득할 당시에도 그 부분은 명확하게 우리와는 다르다는 것을 느꼈으며 그러한 습관이 아직까지도 안전하게 운전을 하는 노하우 know-how가 된 듯하다.

이제부터는 차선 변경할 때에는 반드시 방향지시등을 켜고 얼굴을 돌려 확인하는 습관을 갖음으로 사각지대의 차량사고를 미연에 방지하도록 하자.

타이어 공기압이 주행안전과 제동거리를 바꾸어 놓는다

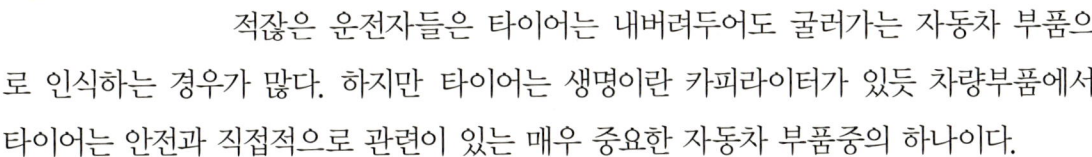

적잖은 운전자들은 타이어는 내버려두어도 굴러가는 자동차 부품으로 인식하는 경우가 많다. 하지만 타이어는 생명이란 카피라이터가 있듯 차량부품에서 타이어는 안전과 직접적으로 관련이 있는 매우 중요한 자동차 부품중의 하나이다.

타이어 품질은 많이 좋아졌지만 공기압은 타이어 품질과 무관하게 주기적 점검이 필요하며 주행안전과 제동거리에 직접적인 영향을 끼친다.

타이어 상태를 자주 눈 여겨 보라

자동차로 출퇴근 하는 운전자라면 아침에 타이어에게도 눈길을 주자.
주말 운전자일수록 타이어에 더욱 관심을 가져 주자.

타이어는 차량의 육중한 무게를 지탱하고, 다양한 도로 노면 및 온간 도로상의 이물질과 맞닥뜨리고 있으며, 차량이 멈출 때는 강한 마찰열이 발생하게 곳으로 자동차의 가

1장_ 운전하기 전 이것만은 꼭! **45**

장 낮은 곳에서 사용되는 부품이다.

평소 잔 매를 맞듯 타이어에 상처가 누적되면 타이어 수명에도 영향을 끼치지만 고속주행에서 자칫 타이어 파열 현상까지 겪으면서 예측 불가능의 미끄럼으로 대형사고를 당할 수도 있다.

특히, 타이어 바닥 면보단 측면에 상처가 생기면 사고의 위험성이 더욱 높기에 내 차 타이어에 상처나 이물질이 박혀 있진 않은 지 또는 외부 물질에 의한 화학적 반응으로 엷게라도 갈라진 듯한 표면적 증상은 없는 지 눈으로 확인하는 운전자가 되어야 한다.

타이어에 발생한 찢겨짐 및 파손 흔적

운전자는 자동차 타이어 상태를 확인해 줄수록 타이어로 인한 불행한 상황은 더욱 줄어든다. 아침에 자동차를 이용하기 전에 시동을 걸어놓고 주위를 한 바퀴 둘러보면서 외관 상태와 타이어를 점검하는 습관을 가지면, 타이어로 인해 발생하는 문제를 사전에 예방할 수 있다. 어렵지 않은 이러한 습관을 오늘부터라도 당장해 보도록 하자.

공기압 상태를 눈 여겨 보라
타이어도 공기의 포만감이 있어야 안전하다

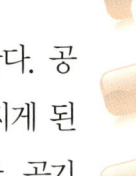

평소, 1주일에 한두 번 정도는 타이어 공기압을 점검하는 습관을 지녀보길 바란다. 공기압이 규정치보다 부족하면 연비 효율과 주행성능 저하 그리고 제동거리가 길어지게 된다. 즉, 공기압이 정상이면 같은 속도로 올려도 노면과의 마찰 저항이 크지 않지만, 공기압이 부족하면 노면과의 마찰이 커지게 된다. 이런 조건에서의 반복주행은 연비 효율을 저하하고 제동 시에도 정상적인 타이어 공기압 대비 제동거리가 길어지게 되는 원인이 된다.

처음 공기압 주입 시보다 공기압이 빠져있는 듯하면 가까운 정비소를 찾아 정상적 타이어 공기압을 지속시켜주는 습관이 필요하다.

1. 비정상 공기압

2. 정상 공기압

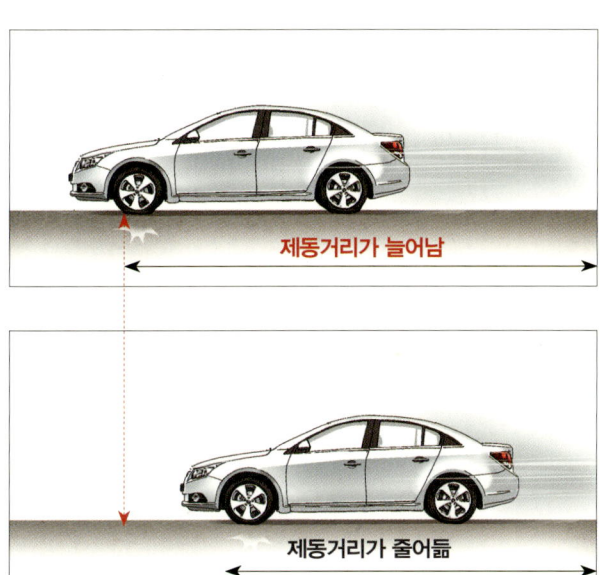

제동거리가 늘어남

제동거리가 줄어듦

1장_ 운전하기 전 이것만은 꼭!

타이어 표면과 노면과의 관계를 이해하고 주행을 하라

타이어는 노면과의 마찰을 피할 수가 없고 노면의 환경에 따라 그 반응도 다양하다.

타이어도 온도가 필요하다

도로 노면 온도가 높고 맑은 날씨에서는 타이어의 접지력Grip 역시 높아진다. 또한, 주행을 통해 타이어 내, 공기 온도가 상승하고 타이어 표면 역시 마찰을 통해 온도가 높아질수록 타이어의 접지력도 더 상승하게 된다.

타이어의 접지력을 향상시켜주는 포메이션 랩

자동차 레이스 경기를 보면 처음 포메이션 랩 때 경주차가 천천히 주행하면서 좌우로 빠르게 운전대를 자주 회전시키는 건 타이어의 표면과 내부에 온도를 빨리 상승시켜 스타트 후 타이어 접지력을 좋게 하기 위함이다.

반면, 비가 내리는 날씨에서는 타이어 표면과 도로 노면 간의 접지력은 현저히 저하되는 데 타이어 표면의 트레드 형태가 아무리 배수가 잘되도록 설계되어 있어도 빗길에서의 접지력은 그 한계가 있다. 또한, 타이어의 온도도 빗물로 인해 마찰력도 낮아지고, 상승한 온도도 쉽게 내려가기도 한다. 물론, 우천 시에서는 도로 노면과 타이어 표면과의 마찰력 저하로 제동거리 역시 길어질 수밖에 없다.

포메이션 랩Formation Lap이란?

자동차가 경주하기 전 마지막으로 코스를 한 바퀴 돌면서 자동차의 엔진과 타이어를 점검하면서 경주하기에 적합하게 해주는 워밍 업을 뜻한다.

이러한 날씨 환경에 의한 타이어 접지력을 이해하고 주행할 때 적당한 차간거리를 유지하면 안전운전에 도움이 된다.

1. 맑은 날

01 타이어와 노면 간의 접착력이 좋음

02 빗물로 인해 타이어와 노면 간의 접착력이 떨어짐

2. 비오는 날

여름철 주행 시 타이어 공기압

특히 장거리 고속주행에서는 공기압이 적으면 뜨거운 도로 노면과의 마찰로 인해 타이어 파열사고를 겪을 수 있다. 이를 뒷받침하는 과학적 테스트가 있었는데 공기압이 적은 타이어와 평상시보다 10~20% 더 주입한 타이어를 테스트 기계에서 약 2시간 정도 고속 회전시켰을 때 공기압이 적은 타이어가 먼저 파열되었다. 더운 여름철에는 타이어 공기압 점검을 더욱 잘해야겠지만 타 계절보다 10~20% 더 주입하여 타이어로 인한 만일의 사고에 대처하자.

쉬어가기 01   봄철 차량관리요령

오일류 확인 사계절

- 엔진오일은 환절기에 급격한 온도변화로 인하여 점도 성능이 저하됨으로 상태 점검.
- 브레이크 오일은 생명과 직결됨으로 항상 Max와 Min 중간지점을 확인하고 누유 점검.

배터리 방전 대비 사계절

- 겨울철 히터와 열선 등의 사용으로 봄철 배터리 점검은 필수.
- 배터리 창을 확인하여 교체유무를 판단(녹색 : 정상, 검정 : 충전필요, 흰색 : 교체)
- 단자에 하얗게 이물질이 낄 경우 칫솔 등으로 털어낸 후 단단히 조여준다.

타이어 확인 사계절

- 겨울철에 스노타이어를 사용했다면 봄철에는 4계절용 타이어로 교체
- 겨울철에 빙판길 대비 위해 공기압을 조금 낮추었다면 봄철에는 정상 공기압으로 상향
- 타이어 마모상태 확인 및 앞뒤 타이어 크로스 교환

필터류 점검

- 황사가 잦은 봄에는 에어크리너 = 에어필터 및 에어컨 필터 = 캐빈필터 오염도 점검
- 황사기간 중에는 통풍레버를 외기모드보다는 순환모드로 설정

실내 외 청소

- 겨울 내 하체에 오염된 염화칼슘 제거를 위한 세차 염화칼슘이 차체에 장시간 묻어있을 경우에 차체의 부식 발생
- 겨울내 사용한 타이어 체인을 세척하고 햇볕에 말려서 보관
- 차량 실내의 오래된 먼지 및 곰팡이 제거하기 위해 매트 세척 및 건조

에어컨 점검

- 겨울 내 사용하지 않았던 에어컨 정상작동 점검
- 에어컨 송풍구에서 곰팡이 냄새가 난다면 곰팡이 제거 스프레이 사용

도로운전 완전정복

고속도로, 국도, 시내도로의 램프에서 본 도로 진입 시 위험상황에 맞닥치는 경우가 종종 발생한다. 그러한 결과는 합류지점에서 접촉사고가 있었던 흔적인 스프레이 자국을 쉽게 발견할 수 있다는 것이 그러한 증거일 것이다.

본 도로 주행차량의 경적음이 합류지점에서 자주 들리는 건 그만큼 위험성이 잠재된 곳이기 때문이다. 본 도로 진입 시 안전하게 진입하는 요령에 대해 알아보기로 하자.

본 도로 합류 시
이런 걸 주의하라

**램프에서의 본 도로 합류 시
주행해 오는 차량의 거리만 보지 말고 속도를 의식하라**

고속도로나 일반국도에서 본 도로 합류할 때 가장 우선되어야 할 것은 모든 운전자가 잘 알듯 속도를 줄여가며 서서히 진입하는 거다. 그러나 속도만 줄였다고 과연 안전할까?

합류 차선인 2차로를 주행하는 운전자는 진입을 시도하는 자동차가 당연히 자신의 자동차가 지나가고 진입할 걸로 생각하겠지만, 진입을 시도하는 자동차는 2차로로 주행하는 자동차가 속도가 느려질 것으로 생각하고 자신의 자동차가 먼저 진입이 가능하다라고 생각하는 경우가 있다. 이러한 두 운전자가 서로 다른 생각을 가지고 합류지점에서 만나면 큰 사고로 이어질 수 있다.

본 도로에 합류하려는 운전자는 주행해 오는 자동차의 거리를 보고 진입을 하는 게 일반적인 데 확실한 안전을 위해서는 해당 자동차의 거리와 속도가 어느 정도되는지 파악하고 진입해야 한다.

예로, 2차로에서 주행하는 자동차와 자신의 자동차와의 거리가 100미터라고 가정하고 달려오는 자동차의 속도가 빠르면 빠를수록 내 차와 만나는 시간은 짧아진다 시속 100km/h이면 3.5초 정도, 시속 60km/h이면 6.3초 정도.

본 도로에서 주행해 오는 차량의 거리만 보지 말고 속도도 함께 느껴야 한다.

고속도로에서의 본 도로 합류 시

고속도로에서의 사고는 대부분 대형사고로 이어지기 마련이다. 고속도로 휴게소에서 휴식을 취하고 고속도로로 다시 진입할 경우, 안전을 위해 도로의 길이가 일반도로보다 매우 길게 되어 있는 걸 볼 수 있다.

간혹가다 진입하고자 하는 운전자가 긴 합류 도로를 제대로 활용하지 못하고 급하게 차선을 변경하여 해당 차선에서 주행하는 자동차에게 피해를 주는 경우를 가끔 볼 수 있다.

고속도로, 시내도로 램프 진입보다 주행 차량의 속도를 의식하라

고속도로를 주행하는 자동차는 빠른 속도로 주행하고 있기에 시내도로와 달리 운전자의 시야는 굉장히 좁고 빠르게 사물들이 지나갈 것이다.

주행하는 운전자와 진입하고자 하는 운전자의 상황은 크게 다를 수밖에 없다. 그래서 고속도로에서 본 도로로 합류할 때에는 주행하는 자동차의 속도를 더욱 의식하고 합류해야 한다.

만약, 주행해 오는 자동차의 속도와 거리를 제대로 인지 못하고 진입하면, 주행하는 자동차는 급제동을 하거나 추월선1차선으로 급하게 피하는데 이때, 뒤따라오는 자동차는 진입하는 자동차를 발견하지 못하여 교통사고가 일어나게 된다.

요즘은 예전과 달리 슈퍼카나 스포츠카가 아니더라도 고출력 엔진을 장착한 모델들이 많기에 고속도로에서 본 도로로 진입할 때에는 충분히 속도와 거리를 두고 진입을 해야 할 것이다.

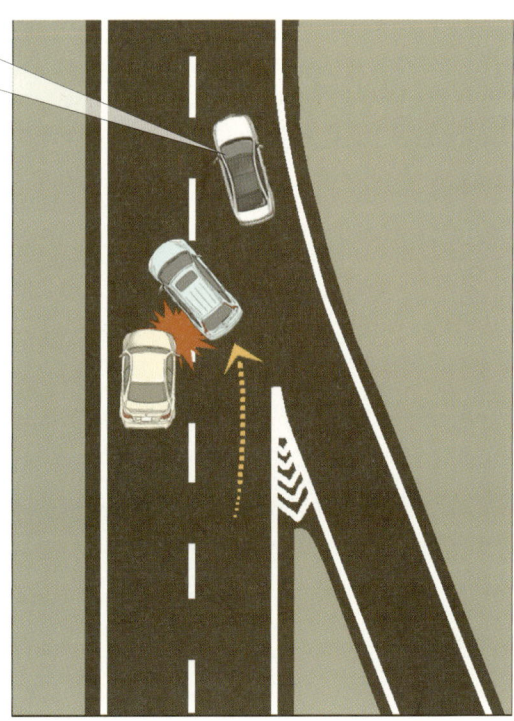

주행해 오는 차량의 거리와 속도를 확인 하지 않고 진입 시

우 합류 도로에선 속도를 내면서 진입하라

고속도로에서 본 도로로 합류할 때에는 일단 정지가 아닌 주행하는 자동차의 속도에 70~80% 정도가 되도록 속도를 올리는 것이 좋다.

즉, 법정 최고 속도인 100km/h 주행 조건에서는 70~80km/h는 유지하면서 진입하라는 의미다. 그 이유는 본 도로로 합류하여 자연스럽게 속도를 높여갈 수 있고 진입하는 자동차 운전자의 판단 착오로 합류 후 주행해 오던 자동차와 가까워지더라도 추돌 확률을 낮추고 차간 거리도 둘 수도 있어 브레이크 제동 거리에도 여유를 줄 수 있기 때문이다.

우측 그림에서와 같이 주행 차량의 거리와 속도를 먼저 점검한 후 본 도로로 진입할 때에는 지나친 서행보다는 법정 최고 속도의 70% 이상을 유지하면서 진입하면 본 도로로 합류 후에도 이전과 같이 이어갈 수 있다.

즉, 어디서든 서행만이 만사가 아니고 도로환경이나 도로 흐름에 맞는 주행과 주변 정보를 읽는 습관이 필요하다.

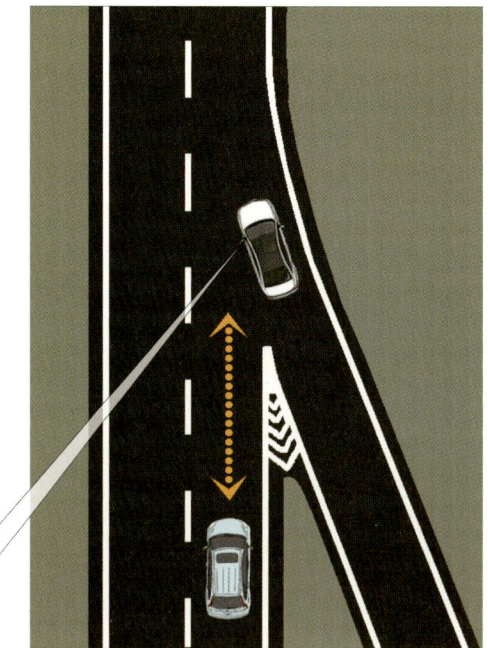

고속도로에서의 본 도로 합류 시 속도

추월 시에도 후미 차의 거리보단 속도를 느끼자

고속도로나 일반도로에서 추월할 때에도 추월 후 같은 차선 후미 자동차에 방해되지 않도록 법정속도로 유지하는 게 좋다. 추월할 때에만 속력을 내서 추월하고 도로 흐름을 생각하지 않고 저속 주행을 할 경우에는 동일한 차선에서 주행하는 뒤따라오는 자동차들에게 방해를 줄 수 있기 때문이다.

이면도로에서 본 도로 합류 시엔 시야를 가리는 물체를 주의하라

시내도로의 특성상, 이면도로와 본 도로가 만나는 합류 지점에는 가로수나 건물들로 인하여 운전자 시야를 가려 불편함을 겪는 곳이 적잖게 있다. 최근에는 교통에 방해되는 장애물들이 점차 운전자나 보행자 중심으로 바뀌고 있다. 예를 들자면 이면도로와 본 도로로 합류하는 지점의 보행로 쪽을 라운드 형으로 해 두면서 이면도로에서 우회전 할 때에도 회전이 쉽고 본 도로로 진입하는 운전자에게도 시야 확보가 원활하여 안전운전에 도움을 줄 것이다.

이면도로에서 본 도로 진입할 때에는 좌측 건물이나 가로수로 인해 시야 확보가 애매한 경우에는 되도록 이면도로에 미리 우측으로 붙어 합류할 도로의 좌측의 보면서 차량 흐름을 파악하면 조금이라도 시야 확보에 도움이 될 것이다. 이면도로에서 본 도로 진입할 때에도 주행 자동차의 거리를 확인하는 것도 중요하지만 주행해 오는 차량의 속도를 고려하여 진입하는 습관을 갖도록 하자.

이면도로와 본 도로 진입 시의 주변 환경

개선 후 운전자에게 편하게 바뀐 도로

코너를 이렇게 주행하면 쉽다

도로에서 만나는 다양한 형태의 코너는 어떠한 방법으로 진입과 탈출을 하면 더 안전하고 효율적으로 주행할 수 있는지 알아보자. 우선, 설명 전에 몇 가지 기본적인 걸 먼저 익혀 두자.

코너 진입 전에 모든 동작을 끝내라

주행 중 코너링 상태에서 속도가 빠르다고 느껴지면 제동을 하기보다는 코너 진입 전에 속도 조절 등을 통한 모든 동작을 끝내고, 코너링 중에는 필요에 의한 운전대 조작과 가속 페달만 밟았다 떼었다 하면서 코너링하는 습관을 지니길 권한다.

코너링에서 속도가 빠를수록 바깥으로 밀려나려는 관성이 커지는데 빠른 속도에서의 코너링 중 제동을 했을 때에는 역시 일률적으로 이어져 온 관성력으로 인해 바깥쪽으로 벗어나려는 힘이 증가하므로 자칫 자동차의 균형을 잃거나 크고 작은 범위에서 주행하는 차선을 이탈할 수 있기 때문이다. 즉, 관성력의 변화로 인해 무게 중심이 한쪽으로 치우치면서 타이어 바닥 면의 한계 접지력이 바깥으로 밀려나게 되는 상황이 된다.

코너링 전에 모든 것을 끝냄

운전대 조작은 필요한 만큼, 원위치할 땐 빠르게

코너링 후 원위치나 전방의 장애물로 인해 틀어 두었던 운전대를 원위치로 돌릴 때에는 빠르게 조작해야 자동차의 무게 중심이 안정되고, 급회피 후에도 제 2차 스핀을 방지한다. 이 요령을 반복해서 익혀두면 운전대 조작을 통한 자동차 무게를 쉽게 제어할 수 있게 되고, 급회피 시 안전하게 벗어날 수 있는 방법과 중요한 습관들을 가질 수 있다.

모든 코너를 직선에 가깝게

모든 코너는 다양하게 굽어진 형태지만, 그 굽어진 도로에서 직선에 가깝게 주행하는 방법을 익혀두면 예전보다 자동차 무게 이동을 줄어들게 할 수 있고, 코너링하기에도 편하게 된다.

주의!!

이 책에서는 독자의 이해를 돕기 위해 주행차선의 너비를 실제보다 넓게 표현하였으며 절대로 다른 차선을 침범해서는 안 된다. 또한 곡선도로에서의 가장 좋은 운행방법은 속도를 줄이는 것이 안전운전의 기본임을 잊지 말자.

코너 진입 전, 코너를 탈출 지점을 먼저 확인하고 진입

대부분의 운전자는 코너의 탈출 지점을 먼저 확인하고 주행라인을 가져가기보다는 코너 진입 지점을 우선으로 하는 것이 일반적이다.

코너에 따라서는 탈출점이 보이지 않는 블라인드 코너가 있다면, 먼저 진입지점을 확인하고 진입해야 하지만, 앞으로는 코너 진입 전에 먼저 탈출할 지점을 확인하고 주행라인을 직선에 가깝게 주행하는 습관을 가져보자.

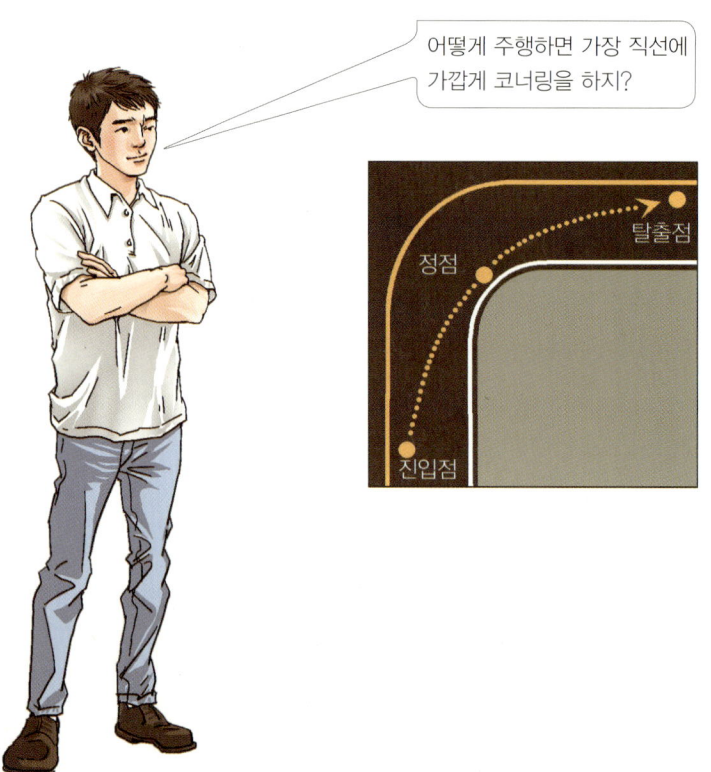

코너 진입과 탈출까지의 주행의 기본은 Out-In-Out

우선, 모든 코너에서 주행라인의 기본은 아웃-인-아웃Out-In-Out인 데, 이 주행라인이 각 코너를 가장 직선에 가깝게 주행할 수 있고 안전한 주행라인까지 확보할 수 있다.

주행라인의 In, Out의 기준

주행 중에 우측으로 굽어 있는 도로의 In안쪽은 우측을 말하며, Out바깥쪽은 좌측을 말한다.
이와 반대로 좌측으로 굽어 있는 도로에서는 In은 좌측을 말하며, Out은 우측을 말한다.

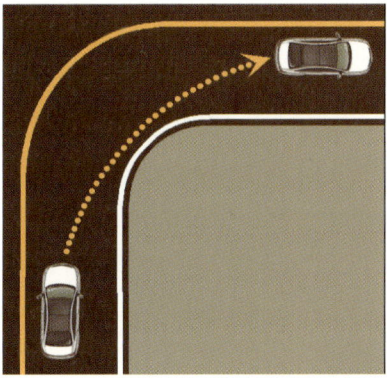 

아웃-인-아웃은 진입 시 Out 지점인 바깥쪽 라인에서 진입하여 In 지점인 코너 중간 지점코너 정점에서는 안쪽 라인을 주행하고 마지막 코너의 끝 지점인 탈출 지점에서는 다시 Out으로 탈출하는 주행라인을 아웃-인-아웃이라 한다.

아웃-인-아웃은 모든 코너를 주행 시 가장 기본적인 주행라인으로 기억하고 활용하면 분명 편안하고 안정된 주행을 얻을 수 있으며 그 외, 예외적인 아웃-인-인-아웃 주행에서도 적응하는 데 편리할 것이다.

아웃-인-인-아웃Out-In-In-Out에 대해서는 뒷 부분에서 별도로 설명되어 있다. 안전하고 편안한 코너 주행의 기본적인 학습을 익혔다면 이제는 코너별 형태에 따른 주행라인을 배워 보자.

S자 코너에선 이렇게 라인을 가져라

일반도로에서 가끔 만나는 S자 코너이다. 이 코너에서는 자동차의 좌우 무게이동이 발생하는 롤링 현상이 뒤따르게 되는 데 아래 그림의 자동차처럼 주행라인을 가져가면 적은 운전대의 조작으로 편안한 주행이 가능하며, 자동차의 불필요한 무게 이동도 줄여 롤링현상을 최소화하면서 타이어 그립력을 유지하는데 도움을 줄 것이다.

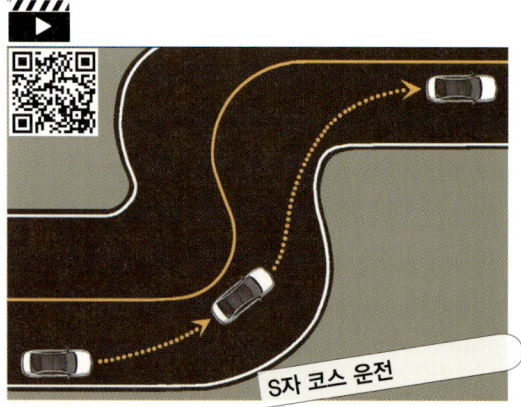

S자 코스 운전

롤링현상rolling**이란?**
자동차가 운행 중에 좌우로 흔들리는 현상을 말함

ㄱ자 코너에선 이렇게 라인을 가져라

이 코너는 시내도로와 이면도로 등에서 자주 만나는 코너 형태이다. 이 코너는 대부분 직선주행이 적잖게 이어진 후에 만나는 코너이기에 진입 전에 속도 감속이 제법 필요한 코너이고 주행라인 요령은 기본적인 아웃-인-아웃으로 진입과 탈출을 하면 된다.

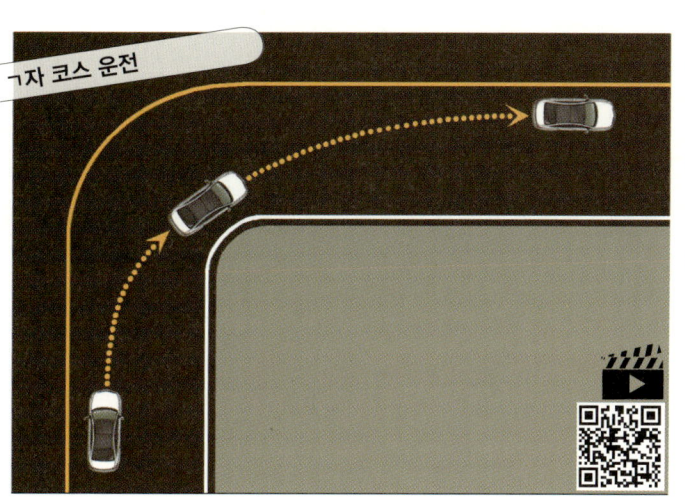

헤어핀 코너에선 이렇게 라인을 가져라

헤어핀 코너는 여성의 머리핀을 닮았다 하여 헤어핀 코너라 부른다. 시내도로, 고속도로 등 많은 도로에서 자주 만나게 되는 코너 중 하나이기도 한 데, 헤어핀 코너의 특징으로는 자동차의 무게 중심이 코너 바깥쪽으로 계속 치우쳐 있는 시간이 길다는 점이다. 헤어핀 코너에서도 주행요령은 기본적으로 아웃-인-아웃이다.

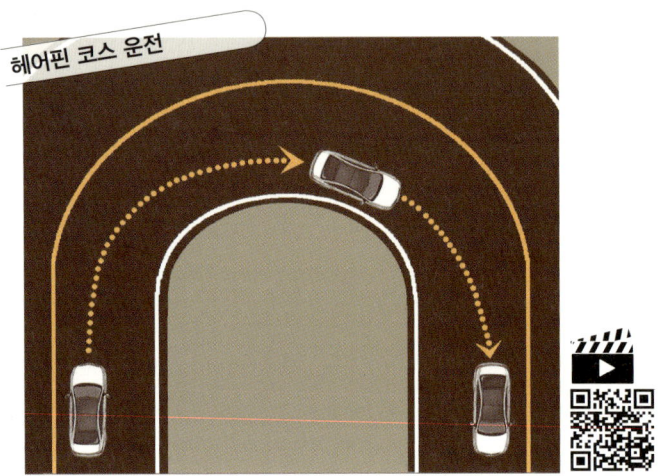
헤어핀 코스 운전

나들목 코너에선 이렇게 라인을 가져라

고속도로 나들목인터체인지, IC 또는 자동차 전용도로에서의 긴 램프 등에는 코너구간이 길고 깊은 헤어핀 코너 형태와 코너 각이 깊지 않은 헤어핀 코너의 혼합된 구조를 가진 게 가장 일반적이다. 즉, 헤어핀 코너 하나로 된 경우에는 코너 길이가 길고 코너 각이 깊은 구조를 하고 있다. 복합 코너의 경우에는 두 가지 코너의 연결로 운전자가 주행라인을 읽는 걸 순간적으로 파악하기 어려운 코너이기도 하다.

이런 곳에서 앞차를 뒤따라 가보면 진입 시에는 속도가 제법 빠르게 가던 자동차도 코너의 중간쯤에서는 속도가 떨어지는 걸 볼 수 있는데 이런 이유는 코너의 각도가 갈수록 깊어지기 때문이다.

나들목 같은 곳의 복합코너에서 편하고 안정된 코너링 요령으로는 진입 지점부터 탈출 지점까지의 코너를 크게 두 개로 나누어 가져가면 쉽게 주행할 수 있고 작은 조작만으로도 안정된 자세로 주행이 가능하다. 물론, 여기에서도 주행요령은 아웃-인-아웃이며, 아웃-인-아웃을 두 번 연속적으로 한다고 이해하면 될 것이다.

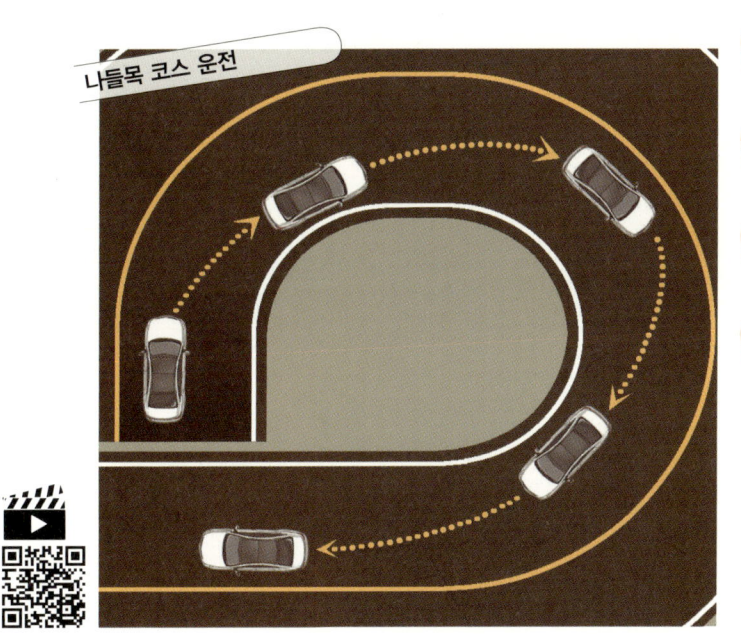

나들목 코스 운전

그러나 예외도 있다

코너 형태가 다른 두 코너가 복합적으로 연결된 곳에서는 아웃-인-아웃에서 탈피하여 주행라인을 가져가면 코너링하기 편하고 안전할 것이다.

아웃-인-인-아웃 주행라인이 편한 코너

일반국도를 주행하다 보면 코너 주행라인을 아웃-인-인-아웃 Out-In-In-Out을 요구하는 코너를 가끔 만나게 된다.

우측이나 좌측 코너로 굽어진 후 다음 코너가 가까이 굽어 있는 코너에서 적용하면 코너라인을 쉽게 주행할 수 있다. 이러한 연속적 코너에서는 그림처럼 주행라인을 가져가면 편하다.

즉, 아웃-인 Out-In 후 연속으로 다시 인 In 코너로 진입해야 하는 구조에서는 이 방법으로 주행을 하면 매우 쉽다.

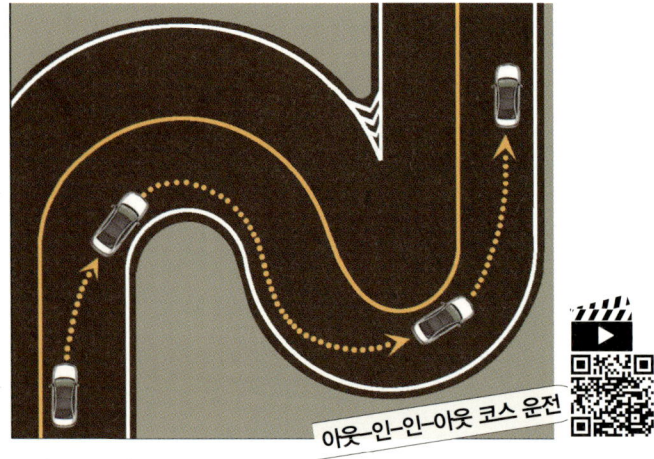

아웃-인-인-아웃 코스 운전

블라인드 코너에선 항상 주의하라

일반국도에서 자주 만나는 코너로서 코너의 좌측이나 우측에 산이나 나무 등의 장애물로 인해 코너 전방이 보이지 않는 것을 블라인드 코너 Blind corner 라고 부른다. 자주 주행하는 도로가 아닌 처음 주행하는 곳이라면 블라인드 지점 이후 코너 각이 어디까지 이어져 있는지를 모르기에 아웃-인-아웃으로 코너링을 하되 블라인드 지점을 진입하면서부터 완전히 벗어나기전까지 속도를 줄여 코너링하길 권한다.

블라인드 코너

중앙선 침범

특히, 블라인드 지점에서는 마주 오는 자동차와 서로 충돌할 수 있으므로 맞은편 바깥 차선에서 주행하는 운전자는 안쪽에서 주행하는 자동차가 빠른 속도로 진입하거나 운전대 조작 실수로 인해 중앙선을 침범해 올 수 있다는 것을 각별히 주의해야 할 것이다.

이러한 가정은 블라인드 코너에서 하나의 방어운전으로 인식해야 한다.

이면도로는 우범지대와 같다

우리나라 운전자들의 주차 의식과 주차 환경상 이면도로 좌·우에는 많은 자동차가 주차된 것을 볼 수 있다. 문제는 이렇게 주차된 환경으로 인해 이면도로에서의 인사사고가 빈번히 발생한다는 게 큰 원인이다.

이면도로에 주차된 차량을 조심하라

이면도로 좌·우측에 주차된 차량 사이로 어린아이들이 뛰어 나오는 걸 주의해야 한다. 아이들 신장은 주차된 차량보다 낮아 운전자 쪽에서는 확인이 잘되어지지 않으며, 문제는 성인들보다 판단력과 주의력이 떨어져 주차된 자동차에서 나올 때 주위를 살피는 아이들이 그리 많지 않을 것이다.

이러한 위험한 환경임을 알면서도 이면도로에서 빠른 속도로 주행하는 운전자도 적잖게 있지만 아이를 비롯하여 보행자들도 역시 자동차가 바로 옆을 지나쳐도 무덤덤함에도 익숙해져 있다. 이런 조건에서의 이면도로는 운전자의 주의 하나로 큰 사고를 방지할 수 있다는 걸 귀찮게 생각해선 안 된다.

주차된 자동차가 즐비한 이면도로에서 주행할 때에는 반드시 주차되어진 자동차의 앞이나 좌·우측을 살피며 서행 운전해야 할 것이다.

교차로에서 일시 정지가 보험수가를 내린다

이면도로에는 많은 교차로가 있다. 이러한 교차로에서도 빠르게 지나가는 자동차들이 있다. 이는 매우 위험한 운전자로서, 언젠가는 사고를 일으킬 수 있는 운전자라 할 수 있다.

이면도로에서의 교차로에서는 항상 일시 정지나 미리 서행하는 습관이 필요하다. 특히, 이면도로 교차로에서의 사고 때에는 일방적인 100% 책임은 없다. 한 번의 일시 정지와 서행을 하느냐 안 하느냐에 따라 자신의 보험수가가 상승할 수 있음을 항상 유의하자.

물론 사고로 인하여 보험수가가 올라 차량보험료를 더 많이 내는 것이 걱정된다고 이면도로 교차로를 만날 때마다 긴장하라는 소리는 아니다.

여기서 말하고자 하는 것은 사고로 인한 개인적, 물질적, 정신적 피해를 사전에 예방하자는 차원에서 하는 말이니 오해하지 말기 바란다.

이륜차와의 사고! 사륜차 운전자가 불리하다

오토바이를 이용한 퀵서비스란 배송문화가 우리 사회에 하나의 업종으로 자리매김하면서 오토바이가 일반도로에서 주행하는 숫자가 확연히 늘어난 걸 알 수 있다. 이러한 오토바이는 일반도로 뿐만 아니라 이면도로에서 쉽게 만날 수 있다.

오토바이와 자전거는 자동차와의 약한 접촉에도 큰 사고로 나타난다. 또한, 법원의 교통사고 판례를 보면 자동차 운전자를 주로 가해자로, 오토바이나 자전거는 피해자로 보는 시각이 많은 편이다.

사륜차 운전자 입장에서는 억울한 측면이지만, 오토바이와 자전거와의 사고가 일어날 경우 법률적 해석은 자동차 운전자 입장에서 감수해야 하는 게 현실이다.

이면도로에서는 주차된 자동차 사이의 보행자도 주의해야 하지만 오토바이와 자전거와의 접촉사고에도 더욱 주의를 해야 한다.

이면도로에서는 서행을, 교차로에서는 일시 정지가 그 정답이다.

이면도로에선 중앙선 기준이 바뀐다

이면도로에서 주차된 자동차와 불법 점유물로 인해 차선이 좁아졌을 때에는 마주 달리는 자동차 간의 도로교통법상 중앙선도 바뀌게 된다.
즉, 좌우 물체가 있을 때 그 사이를 절반으로 나누어 그 중앙이 법적중앙선으로 해석된다. 이런 환경에서 마주 달릴 때에는 좌측 그림처럼 중앙선이 달라짐을 알아야 하겠다.

병목 지점엔 꼭 이런 운전자들이 있다

도로의 병목 지점에서 차량 정체가 발생했을 때 진입로 입구 근처에서 끼어드는 차량과 그 뒤에서 속도를 늦추고 끼어들 자리를 찾는 얌체 운전자들을 쉽게 볼 수 있다. 도로 차선이 4차선일 경우를 예를 들어 보았다.

자신의 차선을 선택하라

맨 우측 4차선은 램프로 빠져나가는 차들이 줄지어 있는 차선이다. 그 나머지 1, 2, 3차선은 계속해서 직진하는 차선이지만 실제로는 램프 근처에 가까울수록 3차선은 직진 운전자를 위한 차선이기보다는 램프 진입을 위해 끼어들려는 운전자들이 차지하

2장_ 도로운전 완전정복 77

는 용도에 가깝다.

    램프 부근의 3차선에서 4차선으로 진입하고자 하는 이런 운전자들은 도로의 흐름을 방해하는 운전자라 표현할 수 있는데, 이런 운전자들로 인해 3차선이 제 기능을 발휘하지 못한다.

    또한, 이러한 운전자들의 영향으로 직진 주행을 하기 위해 3차선에서 주행하던 운전자는 3차선의 상황을 비켜가고자 다시 2차선으로 변경으로 하고, 그 영향으로 인해 2차선에도 영향을 주게 된다.

    정상적으로 주행을 하는 운전자가 비정상적으로 주행하는 운전자에 의해 도로 흐름을 느리게 하는 사례 중 하나이다. 유독, 램프 근처의 3차선에서 접촉 사고와 자동차 경적소리가 많고 도로 흐름이 느려지는 단적인 이유가 여기에 있다.

    이런 상황에 대처하기 위해 병목 지점 전부터 1, 2차선으로 미리 변경하여 주행하는 습관을 갖길 권한다. 즉, 끼어드는 자동차가 몰려있거나 끼어들기 위해 군데군데 느리게 주행하는 3차선 하나를 포기하고 주행하라는 의미이다.

불법 진입 차로 인한 병목현상이 자주 일어나는 지점

끼어드는 운전자일수록 좁은 시각을 가지게 된다

목적지를 가기 위해서는 고속도로 나들목과 그 도로를 이어주는 램프를 이용해야 하는데 운전자는 램프가 가까워질수록 빨리 끼어들어야 하기에 자신이 끼어들 공간만을 생각하고 뒤따라오는 자동차 운전자의 입장이나 주변 흐름까지 생각하지 않는다.

결국, 그 운전자로 인해 뒤따라오는 자동차는 알아서 피해야 하는 상황을 만든다. 이것을 피하기 위해서는 앞에서 언급했듯이 3차선으로 주행하는 운전자라면 병목 지점 전부터 미리 1, 2차선을 이용하여 비정상적인 운전자들로부터 피해를 보지 않고 비켜갈 수 있다.

램프 지점에서 원활하게 진행되기 위해서는 직선 도로에 과속 단속 카메라만 설치할 게 아니라 도로 흐름을 방해하는 병목 지점에 차선 변경을 금지하는 단속 카메라를 설치하여 이러한 운전자들을 줄이기 위해 노력해야 할 것이다.

겨울철 도로 노면의 특성과 빙판길 대처하기

겨울철 도로 노면은 영하권의 온도와 눈으로 인해 다른 계절에 비해 타이어 접지력이 저하되는 특성이 있는데, 겨울철 운전의 안전을 위해 다음 몇 가지를 학습해 놓으면 운전 시 도움이 될 것이다.

타이어 마찰력의 저하

겨울철에는 영하권의 온도로 지속되는데 특히 도로의 노면과 타이어와의 마찰력도 많이 줄어든다. 밤사이 얼었던 노면은 낮이 되면서 햇살에 의해 도로 표면이 천천히 해빙되지만, 그 도로 표면에는 차가운 물기가 있다.

이러한 물기는 운전자의 눈으로 쉽게 확인할 정도가 아니지만, 타이어의 마찰을 저하시켜 제동거리를 길어지게 하는 원인이기도 하다. 이렇듯 겨울철 도로 노면의 특성을 미리 파악하여 안전운전을 하도록 하자.

고가도로 노면을 조심하라

　겨울철 고가도로의 노면은 지반이 단단하지 않고 오히려 차가운 습기가 고가도로 하단에 머무르면서 일반 도로보다 빨리 얼고 해빙도 늦게 되는 구조로 되어 있다. "고가도로 노면과 일반도로의 노면이 왜 온도 차이가 있느냐"하는 운전자가 있겠지만, 실제 고가도로의 온도를 재어보면 놀랍게도 약 3도 내외로 일반도로의 노면보다 낮게 나타난다.

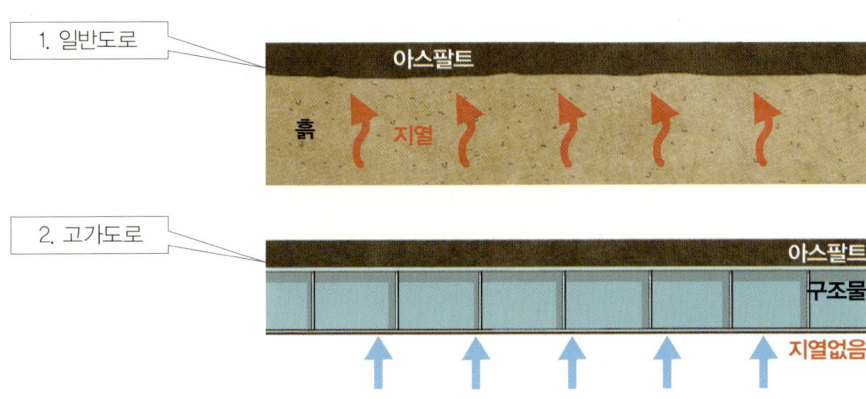

2장_ 도로운전 완전정복

즉, 도로 노면의 온도가 낮으면 낮을수록 타이어 마찰력과 제동거리에서 손실이 크며, 특히 급제동할 때에는 미끄러질 수 있는 확률이 일반도로와 비교하면 매우 높다. 겨울철 고가도로의 특성을 파악하여 과속이나 급제동은 되도록이면 하지 않도록 운전습관을 갖도록 하자.

갑작스럽게 만난 빙판길, 이렇게 피해라

겨울철 다양한 도로에서 예기치 못한 빙판길을 만날 수 있다. 빙판길 길이가 길면 처음부터 상황에 맞게 서행으로 주행하면서 벗어나면 되지만 정상적인 주행을 하던 중에 부분적으로 빙판길을 갑자기 만나면 당황하는 게 일반적이다.

이러한 상황에서 두 가지 상황을 예로 하여 대처하는 방법을 배워 보자. 우선은, 부분 빙판을 먼저 발견했을 경우에는 빙판길 진입 전에 빠르게 감속하여 지나가면 되지만,

부분 빙판길을 지나는 모습

발견이 늦어 갑작스럽게 빙판길을 만났을 때에는 빙판 지점을 지나는 동안에 가속 페달을 떼면서 그대로 지나가면 된다. 여기서 주의해야할 것은 당황하여 빙판길에 타이어가 진입된 상태에서 브레이크를 밟게 되면 곧바로 자동차의 균형이 깨져서 한쪽으로 미끄러지게 된다.

또한 운전대를 급하게 조작해도 빙판 표면과 타이어와의 마찰에 의해 자동차가 미끄러질 수 있기에 올바른 대처를 위하여 꼭 기억해 둬야 할 내용들이다.

스노체인 준비가 안 되었다면 이렇게 대처하라

눈이 많이 내린 후 한파로 인해 가끔 예기치 못한 긴 빙판길응달을 만날 수 있다. 스노체인이 준비된 운전자에게는 빙판길 주행에 문제가 없겠지만, 준비가 안 된 운전자의 대처요령은 다음 방법들을 익혀 두길 바란다.

자동변속기 위치를 이용한 감속

정지나 필요에 의한 감속 시에는 자동변속기의 종류에 따라 레버를 Low나 1-2단 위치에 두고서 미리 감속하면 된다.

평소 주행처럼 D-Ranger에만 두고 브레이크에 의존하지 말고 Low나 1-2단 위치를 변경하여 엔진브레이크를 활용하면 된다.

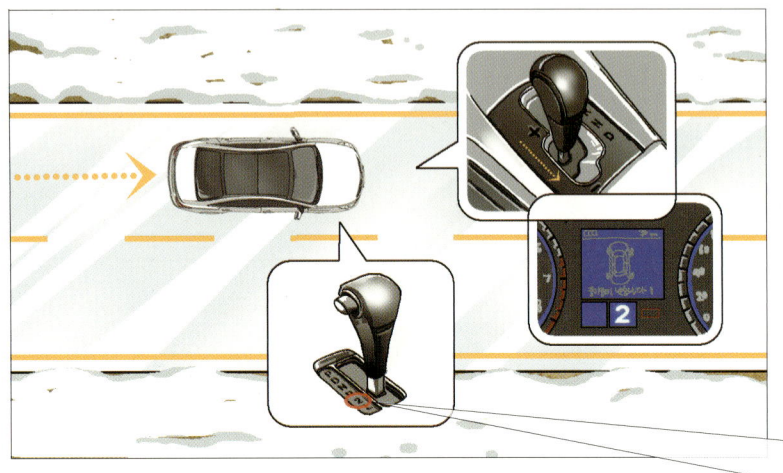

빙판길에서 엔진브레이크를 위한 기어 레버 위치

제동 시

빙판길에서의 제동은 타이어에 급작스런 힘을 주게되어 쉽게 미끄러지는데 되도록이면 부드럽게 필요한 양만큼 조금씩 나누어서 밟는 습관을 지녀야 한다. 그리고 정지나 제동의 필요에 의해 브레이크 페달을 밟았을 때 타이어가 미끌린다 싶으면 재빨리 브레이크 페달에서 발을 떼고 다시 지그시 밟아주면 된다.

1. 한번에 깊고 강한 브레이킹

2. 미리 조금씩 나누어서 밟는 브레이킹

빙판길에서 제동할 때에는 제동이 필요한 상황까지 도달하여 급하게 브레이크 페달을 밟지 말고 미리 조금씩 나누어 가면서 밟아 브레이크로 전달하는 양이 많지 않더라도 제동이 가능하므로 효과적인 빙판길 대처 방법이 된다.

운전대 및 가속페달 조작

운전대스티어링 휠 방향 전환도 천천히 부드럽게 하여 타이어의 좌·우 방향 전환 시 빙판과의 마찰로 인한 미끌림이 없도록 주의해야 할 것이며, 급가속은 타이어의 슬립 현상을 초래하기에 부드럽게 가속 페달을 조작해야 한다.

1. 급한 운전대 조작은 위험

2. 부드러운 운전대 조작

즉, 빙판길에서의 주행은 가속과 회전, 그리고 정지와 관계된 운동을 운전자가 직접 자동차를 조작하여 평소의 도로보다 부드럽고 조심스럽게 조작을 해야 한다.

눈길, 빙판길에서 스노체인을…

　　　　　　겨울철, 눈이 몇 번 내린다고 굳이 스노체인을 준비할 필요가 있을까? 자신의 안전보다 스노체인을 장착하고 떼어내는 것을 귀찮다고 생각하는 운전자들이 생각보다 많은 것 같다. 승객의 안전을 책임져야 할 대중교통인 버스도 스노체인을 장착한 걸 보기가 쉽지 않고 택시 역시 눈길과 빙판길에서 보란 듯이 빠르게 주행하는 걸 간혹 본다. 하지만 사회적 분위기가 안전운전 위주로 점차 바뀌면서 안전운전을 우선시 하는 운전사들도 점차 늘어나고 있는 상황이다.

　아직 장만하지 못한 운전자들은 이번 기회에 저렴한 제품이든 비싼 제품이든 스노체인 하나를 구매하여 내 차 트렁크에 넣도록 하자.

사계절 타이어는 없다

　저자는 사계절 타이어를 맹신하는 운전자를 경험한 적이 있다. 사계절, 모든 도로 노면을 충족시키는 타이어는 절대 없으며, 한 가지를 충족하기 위해서는 상대적으로 다른 한 가지는 부족할 수밖에 없다.

대표적 전용 타이어로는 빗길에서 빗물 배수가 좋아 수막현상을 줄일 수 있게 타이어 트레드를 가졌거나, 깊은 트레드와 딱딱한 소재를 가져 눈길에서 타이어 표면에 눈이 덜 묻게 하여 마찰력을 줄어드는 것을 방지하게 만든 타이어 등, 대부분 도로 상황에 맞는 전용 타이어들이 있다.

 수막현상
하이드로플래닝, Hydroplaning

주행 중 타이어와 도로 사이에 빗물로 인해 수막이 형성되어 마찰력이 현저히 줄어들어 미끄러지는 현상을 말한다. 주로 빗길에서 고속으로 주행 시 발생한다.

이처럼 우리가 흔히 이야기하는 사계절 타이어는 100%를 만족하게 해줄 타이어라고 하기보다는 그냥 사계절을 타도 무난한 타이어라고 인식하는 것이 맞는 것이다. 혹시라도 사계절 타이어라고 해서 겨울철 눈길을 쌩쌩 달릴 수 있다고 오해하지 말아야 할 것이다.

왜, 스노체인이 필요한 가

간단하게 표현하자면 운전자 자신의 안전을 위해 스노체인이 필요하다. 겨울철 눈길의 시내도로에서 눈으로 인해 미끄러져 발생한 접촉사고와 단독사고 등 이러한 사고들을 보는 게 그리 어렵지 않을 것이다. 물론 사고난 자동차를 처리하기 위해 일부 견인차들의 난폭 운전도 더욱 기승을 부리는 계절이기도 하다.

자동차 대부분에 장착된 타이어는 트레드가 얕고 승차감과 접지력 향상을 위해 소프트한 컴파운드의 원료로 만들어진다. 타이어 트레드가 얕으면 눈이 타이어 바닥 면을 쉽게 덮어 버려 타이어의 정상적 마찰이 어렵게 되는데 겨울철 눈길 주행 후에 자신의 타이어 바닥 면을 살펴보면 쉽게 확인할 수 있다.

1. 눈이 덮여 제 기능을 못하는 일반 타이어 바닥 면

2. 눈이 덜 덮인 스노타이어와 트레드 깊이

반면, 스노타이어는 눈길에서 마찰력을 가질 수 있도록 주로 딱딱한 소재로 되어 있으며, 트레드 깊이도 일반 타이어에 비해 깊어 눈이 타이어 바닥 면에 들러붙는 현상이 적고, 깊은 트레드에 의해 눈길에서도 일반 타이어보다 마찰력이 높다.

그리고 최근에 판매되는 스노체인의 구조를 보면 예전처럼 전체가 금속류가 아닌, 일반 타이어보다 경질의 우레탄을 사용하여 눈길에서의 마찰력을 향상시키고 스노체인의 패드는 타이어의 트레드 역할을 한다. 예전에는 스노체인의 장착으로 인하여 도로 노면이 손상이 되었는데 최근에는 손상없이 마찰력을 높이도록 설계되었다.

최근 유행하는 스노체인

앞에서 눈길에서의 일반 타이어, 스노타이어, 스노체인 세 가지의 특성을 비교, 설명했으나 선택은 운전자에 따라 다를 거라 생각된다. 하지만 겨울철 안전한 운전을 위해 눈길에서는 스노타이어나 스노체인이 왜 필요한 지를 한 번 더 생각하는 계기가 되고 미리미리 준비한다면 안전한 겨울철 운행이 될 것이다.

스노타이어는 가격도 비싸고 운전자가 매번 교체하기도 힘들다. 자동차 선진국에서는 정비프랜차이즈업체에서 타이어를 보관해 주면서 도로 상황에 따라 스노타이어와 일반 타이어로 교체해 주는 서비스가 있다. 물론 일부 국내 업체에서도 타이어를 보관해 주는 서비스가 있다. 참고로 일부 유럽 국가에서는 운전자의 안전을 위해 겨울철에는 스노타이어를 꼭 장착하도록 법으로 규정되어 있는 곳도 있다.

국내에서는 아직 일반화된 서비스가 아니기에 미리 스노체인을 준비하여 도로 상황에 따라 운전자가 장착, 탈착하면 된다. 요즘 출시되는 스노체인은 장착과 탈착이 매우 쉽게 할 수 있는 제품들이 많다. 겨울철, 첫눈이 내리면 미리 스노타이어나 스노체인을 준비하여 안전운전을 하길 바란다.

스노체인 이렇게 장착하면 된다

　기술과 소재의 발전, 그리고 아이디어가 만들어 낸 다양한 스노체인이 많이 출시되고 있다. 가격과 품질 그리고 편리성에 따라 다양한 제품들로 구성되어 있다. 다음 사진을 통해 대표적인 두 가지 형태의 스노체인을 확인하고 장착 요령도 익혀 보도록 하자.

스노체인 장착하는 방법은 인터넷과 관련 서적에 자세한 그림이나 동영상들로 나와 있으므로 미리 장착과 탈찰하는 것을 연습해 보자. 눈 내리고 차가운 바람이 부는 날에 한 번도 장착해 보지 않은 스노체인을 실제로 자동차 바퀴에 장착하는 것은 결코 쉬운 일이 아니기 때문이다.

A형 스노체인 장착, 탈착

B형 스노체인 장착, 탈착

알쏭달쏭한 교통안전표지

우리나라 교통안전표지판의 종류는 몇 개나 될까? 일반적으로 평소에는 교통안전표지판에 관심을 두고 있지 않다가 자동차를 운전할 나이가 되어 운전면허증을 취득하기 위해서 도로표지판을 외운다.

시험을 통과한 후에 실제로 운전하면서 만나는 많은 교통안전표시판 중에 잘 이해를 못하고 지나치는 교통안전표지판들이 생각보다 많을 것이다. 여기서 몇 가지 표지판을 보고 무슨 뜻인지 한번 맞춰 보자.

누군가에게 위의 세 번째 표지판을 보여주었더니, "아이가 엄마 손을 붙잡고 자전거를 사고 싶어하는 모습으로 인근에 자전거 판매소를 알려주는 것이 아니냐"고 하는 사람들이 있다. 이처럼 많은 사람이 표지판을 나름대로 해석하곤 한다.

위의 표지판을 보고 바로 정확한 해석과 구분을 할 수 있는 사람들은 대단한 능력을 갖추고 있다고 할 수 있다. 여기서 몇 가지 표지판을 더 보자.

생각보다 정확한 뜻을 모르고 지나친 교통안전표지판이 많이 있음에 놀랄 것이다. 안전을 위해서 규정된 표지판을 제대로 알고 운전하는 것이 바로 안전운전의 첫걸음인 것이다. 이번 장에서는 국내에서 사용되는 교통안전표지판을 둘러 보도록 하자.

지시표시 교통안전표지판

운전자에게 도로의 통행방법, 통행구분 등 도로교통의 안전을 위하여 필요한 지시를 하는 경우에 도로사용자가 이에 따르도록 알리는 표지판으로 청색 바탕에 흰색 기호 symbol로 표시되어 있다.

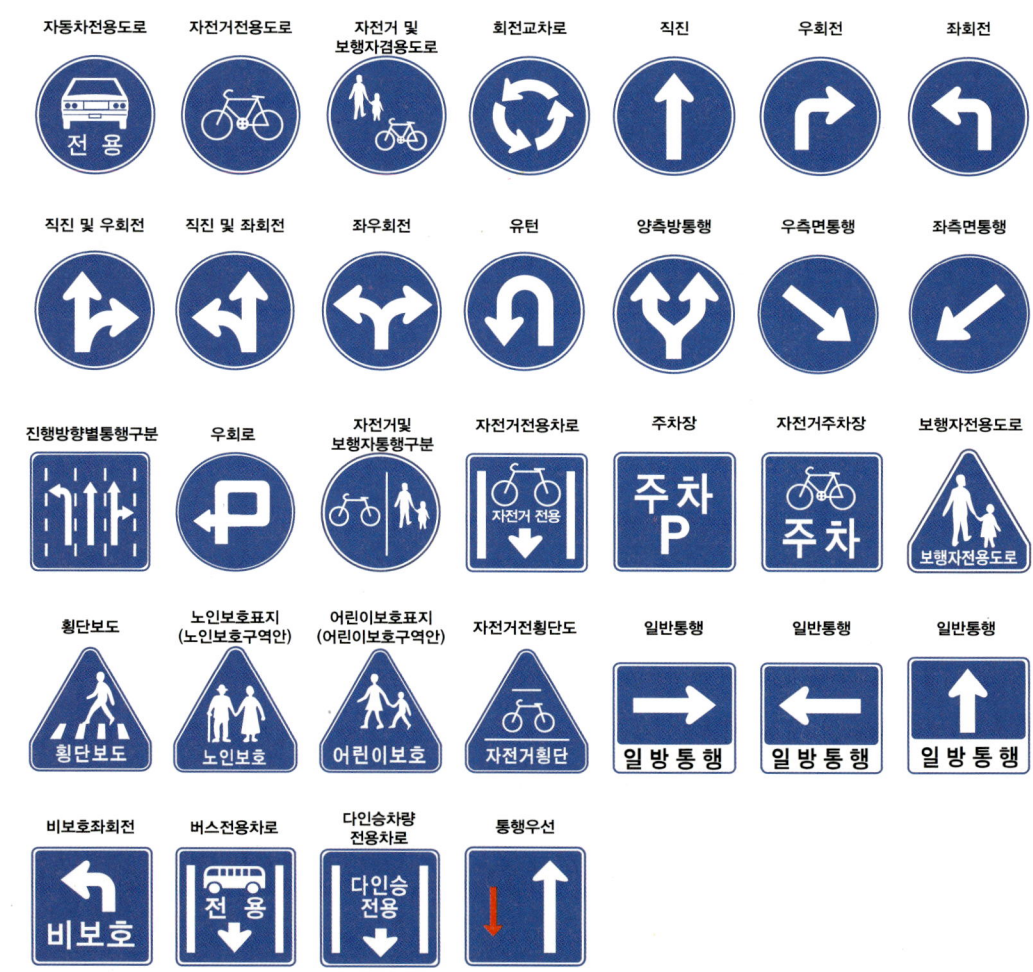

규제표시 교통안전표지판

　도로교통의 안전을 위하여 각종 제한, 금지 등의 규제를 하는 경우에 이를 도로사용자에게 알리는 표지이며, 빨간색 테두리에 흰색 또는 청색으로 채워지고, 검은색 기호를 사용하여 표시한다.

주의표시 교통안전표지판

　도로상태가 위험하거나 도로 또는 그 부근에 위험물이 있는 경우에 필요한 안전조치를 할 수 있도록 이를 도로사용자에게 주의를 환기시킬 목적으로 필요한 지역을 알려주며 빨간색 테두리에 노랑색으로 채워지며, 기호는 검은색으로 표시한다.

보조표시 교통안전표지판

주의표지 또는 규제표지, 지시표지의 주기능을 보충하고 설명하여 도로사용자에게 알리는 표지이다. 주로 흰색바탕에 검은색 글씨로 표시된다.

앞에서 많은 종류의 교통안전표지판을 둘러보았다. 생각보다 많은 표지판들이 실제 도로에 설치되어 있지만 자주 볼 수 있는 표지판을 몇 개 골라서 살펴보자.

어린이 보호구역

주로 어린이들이 많이 있는 학교 근처에 표시되며, 대부분 차량의 속도를 30km/h로 하여 사고 발생을 줄이는 구간이다. 여기서는 운전자 스스로 경계심을 갖고 운전을 하여야 할 것이다.

일방통행

일반적으로 도로는 양방향으로 차량 통행이 가능하나, 일방통행이 표시된 곳은 차량의 원활한 흐름을 위하여 한쪽으로만 통행이 가능하도록 지정한 곳으로 절대 반대 방향으로는 운행하지 않도록 해야 한다. 가끔 일방통행 도로에서 나도 모르게 표지판을 인지하지 못하고 역주행하다가 마주 오는 차량을 보고 오히려 상대방에게 화를 내며 승강

이를 벌이는 운전자들을 보곤 하는데 이제부터는 골목길을 주행할 때는 꼭, 일방통행 표지판을 유심히 살펴 운전하도록 하자.

노인보호구역

나이 드신 노인들이 보행하는 지역에는 특별히 노인보호구역을 정하여 운전자로 하여금 일반인보다 속도가 늦은 노인 보행자들을 주의해서 운행하도록 정해놓은 구역이다.

견인지역

　도심의 도로표지판 중에 운전자 입장에서 가장 많다고 느껴지는 과속 단속 표지판과 불법주정차 무인단속 표지판, 주차금지 지역와 견인지역으로 아래와 같은 표지판들이 있다.

기타 표지판

이외에도 많은 종류의 도로표지판이 있지만, 많이 보이는 것 중에는 보행자 건널목 표지판, 자전거 운행이 가능함을 알려주는 자전거 횡단 표지판, 사고가 잦은 곳을 알려주는 사고 잦은 곳 표지판 등이 있다.

102 운전은 프로처럼, 안전은 습관처럼

> **쉬어가기 02**　　**여름철 차량관리요령** 여름휴가철, 장마철

오일류 확인　`사계절`

- 엔진오일은 환절기에 급격한 온도변화로 인하여 점도 성능이 저하되므로 상태를 점검
- 브레이크 오일은 생명과 직결됨으로 항상 Max와 Min 중간지점을 확인하고 누유 점검

배터리 방전대비　`사계절`

- 여름철에는 습기가 많아 단자에 녹이 생길 수 있으므로 녹이 있을 경우 칫솔 등으로 제거
- 배터리 창을 확인하여 교체유무를 판단(녹색 : 정상, 검정 : 충전 필요, 흰색 : 교체)
- 단자에 하얗게 이물질 끼는 것은 칫솔 등으로 털어낸 후 단단히 조여줌

타이어 확인　`사계절`

- 장마철에는 마모도가 높으면 수막현상으로 제동력이 떨어지므로 마모를 확인
- 여름철에는 공기압을 평소보다 10% 정도 올려서 주입

뜨거워진 차 빨리 식히기

조수석 창문을 내리고 다른 창문은 모두 닫아둔 상태에서 운전석 문을 4~5번 반복하여 열었다가 닫아주면 시원한 외부 공기가 들어오면서 뜨거운 실내공기를 밀어내어 내부 온도가 내려간다.

- 앞뒤 타이어 크로스 교환 및 빗길운전 시에는 20% 감속운전

에어컨 점검

- 여름철 신선한 에어컨 바람을 쐬기 위해서는 성능 및 필터 점검
- 에어컨 미작동 시 에어컨 냉매를 보충 및 에어컨 팬 작동 확인
- 에어컨 사용 시 목적지 도착 3분 전에 끄고 팬만 돌려 습기차단을 통한 곰팡이를 제거

냉각수 확인

- 냉각수는 2년 이상 방치하면 변질될 우려가 있기 때문에 상태점검
- 냉각수의 양은 Full과 Low 사이 중간지점이 정상이며, 모자르면 채워야 함

와이퍼 및 워셔액 점검

- 장시간 와이퍼를 사용하지 않으면 고무날이 한쪽으로 비뚤어짐으로 수시로 정상작동확인
- 우천 시 주위 차량으로 인하여 오염되는 앞유리를 닦기 위해 워셔액 양을 수시로 보충

외곽으로 나가면 과속과 신호를 무시하는 운전자들을 간혹 볼 수 있는데, 이러한 운전자들에게서 자신을 보호하는 방법과 주로 도로에서 위급한 상황이 발생했을 때 대처할 수 있는 방법들 위주로 설명하였다.

한적한 도로!
자정과 새벽에 주의하라

정차 시엔 비상등을 켜자

서울의 외곽도로나 한적한 시골 길을 주행해 본 운전자라면 신호를 무시하고 내달리는 위험한 운전자들을 쉽게 볼 것이다. 심지어 자동차가 신호대기를 하고 있으면 중앙선을 넘어 신호와 무관하게 내달리는 운전자도 있다. 그런 운전자들에게는 갓길도 예외가 아니고 낮 시간대에도 빈번하게 목격된다.

그러한 상황에서 신호대기하는 동안 운전자는 매우 불안할 것이다. 이러한 무질서와 난폭 운전은 어두워지는 시점에서부터 새벽에 주로 발생한다. 특히, 시내에서 택시를 보면 신호를 무시하고 달리는 일부 택시 운전자도 그리 어렵지 않게 볼 수 있는데 승객의 안전을 책임져야 할 대중교통이 이러한 무질서로 승객에게 불안감을 안겨준다는 게 참으로 안타깝다.

이렇듯 일반도로나 한적한 외곽도로에서 자신을 스스로 방어할 방법으로는 신호대기를 하기 위한 정차 시 후미 자동차가 자신의 자동차를 쉽게 발견할 수 있도록 비상등을 켜는 것도 하나의 대처 방법이다.

혹시라도 난폭 주행하는 자동차가 중앙선을 넘든 갓길로 가든지 적어도 자신의 자동차는 피해서 갈 수 있게 스스로 대처하는 것 외에는 다른 방법이 없기 때문이다.

한적한 도로에서 건널목에서 기다릴 때에는 비상등을 켜고 신호대기

내가 신호등이라는 운전자

위 내용과 유사한 상황으로 공공 질서를 지키기 위한 신호등과는 무관하게 반대편 차선에 차가 없으면 그냥 편하게 좌회전이나 직진을 마음대로 하는 운전자도 적잖게 있다.

행여, 신호를 기다리고 있으면 뒤에서 무시하고 빨리 가라고 재촉하듯 경적을 울리는 경우도 종종 발생하고 있다. 그런 운전자에게 신호등이란 공공 시설물이 아닌 귀찮은 설치물일 뿐이다.

자기중심적으로 판단하는 운전자

이러한 운전자들의 공통점은 오래전부터 자기중심적인 생각을 하는데 매우 익숙해져 있어, 평소 습관대로 중앙선을 넘어 주행하거나 갓길로 주행하고, 때로는 피해 갈 차선이 없으면 앞차에 경적을 울려 대는 등의 공통점들을 가지고 있다. 이는 폭력적인 운전으로 간주해야 할 운전자다.

이러한 운전자와 충돌이나 추돌사고가 나면 대형사고로 바로 이어져 큰 부상은 물론 생명까지 위험하게 된다. 앞부분에서 언급했지만 신호대기를 할 때에는 반드시 비상등을 켜 뒤따라오는 자동차가 충분히 인지할 수 있도록 하여 사고를 예방하도록 하자.

예기치 못한 곳을 주의하라

운전하다 보면 예기치 못한 돌발상황이 발생한다. 공사현장, 계절변화 등에 따른 도로 노면의 변수 등으로 운전자는 다양한 상황을 맞게 된다.

우천 시 철판 소재의 도로를 지날 때

세계 경제 10위권 국가에서 지하철 공사나 지하 관련 공사 시 지상에 임시로 설치한 대체물을 아직까지 미끄러운 철판으로 사용하고 있는 걸 간혹 본다. 몇 년 전부터 표면에 콘크리트 소재를 입힌 대체물을 사용하는 걸 간혹 본 적이 있으나 아직까지는 미끄러운 철판이 주로 사용하는 것 같다.

문제는 철판 위에 비가 내리거나, 겨울철 이른 아침이나 밤 시간대의 기온 변화로 서리가 앉았을 때 급제동 시 타이어의 미끄럼이 매우 높게 발생한다는 것이다. 만약, 교차로나 신호대기 장소에 철판이 설치되었다면 공사가 완료되기 전까지 계속해서 사고의 위험이 잠재되어 있다고 생각하면 된다.

과거 이웃 일본의 경우를 예를 들자면, 필자가 1990년대 초에 일본에 갔을 때 지하철

철판 대체물

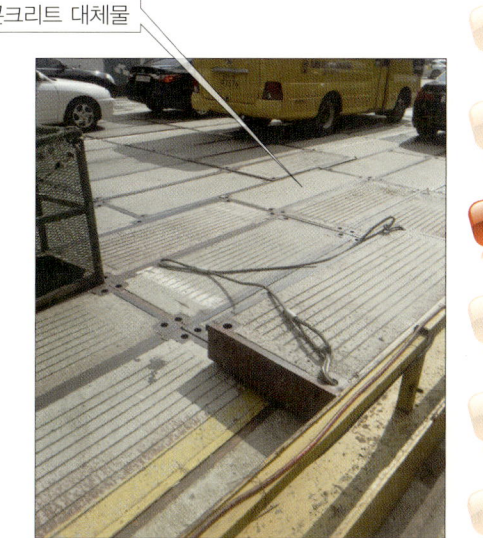
콘크리트 대체물

공사를 하는 구간을 지난 적이 있었다. 지하철 공사를 하는 곳의 도로 위를 보니 콘크리트 소재로 도포된 대체물이 도로 위에 설치된 걸 본 적이 있다. 이렇듯 이웃 일본은 교통안전을 바라보는 시각과 접근방법이 우리나라와는 확연히 다르다는 느낌을 받았다.

철판 소재의 공사장을 주의하자

우천 시나 겨울철 운전 중에 철판으로 된 도로 대체물을 만나게 되면 제동 조작에 주의해야 하고 될 수 있으면, 운전대 조작도 급하게 하지 않도록 권한다. 그리고 도로 흐름에 따라 철판 지점 전에서 제동할 수 있다면, 미리 브레이크 페달을 통해 속도를 낮추는 것도 하나의 대처 방법일 것이다.

우천 시 철판 대체물에서 제동할 경우에는 급제동을 하지 않는다.

고인 물을 지날 땐 운전대가 불안하다

운전자라면 집중적으로 내리는 국지성 소나기나 비가 지속해서 많이 내릴 때 도로의 우측과 때로는 중앙선 지점에 빗물이 고여 있는 걸 자주 경험했을 거다. 또한, 이 고인 물을 지나갈 때에는 운전대가 한쪽으로 쏠리는 것을 순간적으로 경험하였을 것이다.

이러한 현상은 고인 물을 지나가는 타이어와 정상적인 노면을 지나가는 타이어의 저항이 달라지게 되어 양쪽 타이어의 회전에 불균형이 일어나 저항받는 쪽으로 운전대가 돌아가는 경우이다.

고인 물을 지나는 자동차

또한, 속도가 높은 상황에서 고인 물을 지나갈 때도 자동차는 저항받는 쪽으로 순식간에 틀어질 수가 있다.

고인 물을 지날 땐 이렇게

고인 물을 지나갈 때에는 한 손으로 운전대를 잡는 경우와 두 손으로 운전대를 잡고 운전하는 경우 중에 어느 것이 순간적으로 대처할 수 있는지 쉽게 이해할 수 있을 것이다. 앞쪽에서 언급했듯이 갑작스러운 돌발 상황이 발생할 경우에는 양손으로 운전대를 잡아 사고가 일어나지 않도록 하자.

속도가 붙은 상태에서 고인 물을 그대로 지나가야 할 때에는 갑작스러운 감속보다는 운전대를 잡고 있는 양손에 안정감을 위해 평소보다 조금 더 힘을 가해 잡고 가속페달은 약간만 밟고 지나가면 한쪽의 저항이 덜할 것이다. 가속페달을 약간 밟는 의미는 타이어에 회전력을 전달하여 물에 의한 저항감을 줄이기 위함이다.

고인 물을 미리 발견한 상황이라면 변속기 기어를 낮춰 지나가면 속도는 조금 줄겠지만, 마찰 회전력이 타이어에 전달되어 물에 대한 마찰력이 높아져 벗어나기 쉬울 것이다. 반면, 고속상태에서는 타이어 회전속도가 빠르지만, 타이어가 노면과 마찰하는 회전력이 약해지기 때문에 고인 물을 지날 때에는 오히려 위험할 수 있다는 걸 기억하자.

고속도로 요금소의 넓어진 차선에선 이런 걸 조심하자

소도시의 요금소톨게이트를 제외하곤 고속도로 요금소의 앞 차선은 차량의 원활한 진행과 요금 정산을 위해 많은 차선들로 구성되어 있다. 여기서 일부 운전자들이 차량 대수가 제일 적은 요금소로 이동하려는 과정에서 정상적으로 주행하는 차량과 가끔 접촉사고나 매우 위험한 상황을 만들기도 한다.

차량 수가 적은 요금소를 찾으려는 운전자와
하이패스 차선에서 급히 차선 변경하는 운전자

요금소 앞의 넓은 차선에서는 가끔 차선을 급하게 변경하는 운전자를 조심하자. 차량

대 수가 제일 적은 출구로 이동하고자 급하게 차선 변경하는 운전자도 있고 하이패스 차선으로 잘못 진입하여 다시 일반 요금소로 이동하기 위해 차선을 변경하는 운전자들이 있다. 물론 흔하게 일어나는 현상은 아니지만 몇몇 고속도로 요금소 노면을 보면 사고 표시인 스프레이 흔적을 간혹 볼 것이고, 또 눈앞에서도 사고를 목격할 것이다.

고속도로에서 차량 대 수가 적은 요금소를 찾아 출구 앞까지 빠른 속도로 주행하는 운전자도 있는데 요금소 앞의 차선이 넓어지는 지역부터는 서행으로 진입해야 한다.

또 차량 대 수가 적은 요금소를 찾아 급하게 차선 변경하는 운전자는 자신의 이기적인 생각으로 공공질서를 파괴하고 다른 운전자들에게 위협을 줄 수 있는 행위는 절대로 하지 말아야 하고, 그 운전자의 사고 전환이 꼭 필요하다.

하이패스 미대상 차량이 실수로 하이패스 게이트로 진입했을 때

당황하지 말고 하이패스 요금소를 그대로 통과한 후 추후 한국도로공사 하이패스 서비스 통해 미납요금 정산을 별도로 할 수 있다. 차선을 잘못 진입한 상태에서 멈춰버리거나 급차선 하였을 경우 상황에 따라선 후미 차에 의해 대형사고를 발생시킬 수 있다. (한국도로공사 하이패스 서비스 홈페이지 www.excard.co.kr)

강한 바람이 불 때 다리 위에서의 운전

바람이 제법 많이 불 때와 심한 강풍이 불 때에는 누구나 휘청거림을 겪었을 거다. 특히, 측면에서 불어대는 횡풍이 더욱 위험하다. 일률적으로 불어오던 바람이 다리를 만나면서 굴절된 바람은 도로 노면 쪽으로 향하게 되는데 그 바람의 세기에 따라 차량이 전복될 수 있어 매우 위험한 구간이기도 하다.

실제 서해대교에서 강풍에 의해 화물차가 전복되는 사고가 있었는데 다리 위에서 횡풍이 얼마나 강한 바람인지 그 위험성을 일깨워주기도 한다. 다리 위를 운전할 때에는 운전대를 꼭 잡고 속도를 감속해야 한다.

또한, 감속과 함께 변속기 기어 위치를 저단에 두고 주행을 하면 타이어 회전력을 높이게 되어 바람으로 인한 휘청거림이 조금이라도 줄일 수 있다.

포트홀을 주의하라

포트홀Port hole, 도로 위 구멍은 비행기의 둥근 창을 일컫는 어원으로서 도로 노면이 크게 파인 곳을 표현할 때도 쓰인다.

장마철이나 비가 며칠간 집중적으로 내린 후 도로 노면을 보면 가끔 노면이 파인 곳을 발견하는데 이는, 도로의 아스콘아스팔트 원료 사이로 물이 오랫동안 스며들면서 아스콘 간의 접착력이 저하되어 주행하는 자동차 바퀴 등의 외부 충격으로 갈라지고 파이면서 발생하게 된다.

문제는, 이 포트홀에 의해 작게는 차체에 충격을 주고 타이어 파손이나 휠Wheel의 변형은 물론 포트홀을 급히 피하고자 차선 변경으로 인해 자칫 대형사고로 이어질 수 있다.

주행 중에는 포트홀은 멀리서 보이지 않고 주로 가까이 갔을 때에만 확인되기 때문에 운전자 입장에서는 여유 있는 대처가 어려운 게 현실이다.

이렇게 대처하자

주행 중 안전거리가 확보되지 않은 상황에서 포트홀이 나타났을 때 옆 차선으로 운전대를 돌리는 경우가 있는데 주행하는 차가 없으면 회피할 수 있지만, 옆 차선에 주행하는 자동차가 있다면 약간의 운전대 조작을 통해 포트홀을 자신의 자동차 가운데로 통과하는 방법이 있다.

이때 운전대 조작 범위는 적게 틀어주면서 동시에 재빨리 원위치로 해주어야 자신의 차선에서 크게 벗어나지 않는다.

참고로 포트홀을 회피하고자 운전대 작동 범위를 크게 가져가면 자동차의 회전 반경이 커져 원위치할 때에는 차체는 불안정하게 되고, 옆 차선 자동차 또한 위험하게 할 수 있다.

주정차와 우회전 시 이걸 주의하라

운전자들은 도로 우측에 주정차할 경우에는 자신의 자동차가 주차할 자리를 찾느라 앞 만 보고 가는 경우가 대부분일 것이다. 목적지를 찾기 위한 행동은 거의 본능적일 것이다. 그래서 상대적으로 자신의 자동차의 뒤쪽과 양옆을 살피지 못하는 경우가 많이 발생한다.

주정차 시, 사이드미러를 통해 후미를 확인하라

주정차 자리를 발견하면 도로 우측으로 이동하게 되는데 이때, 오토바이가 뒤쪽 가까이 왔거나 만약 사이드미러의 사각지대 위치에 있다면 미처 발견하기도 전에 사고로 이어진다.

오토바이 운전자 중에는 자동차들 사이로 요리조리 주행하는 오토바이 운전자가 많다. 주정차하기 위해 도로 우측으로 붙을 경우 그런 오토바이 운전자를 자주 만날 수 있다는 걸 항상 의식하여 꼭 후사경을 통해 먼저 확인하고, 방향지시등을 켜고 서서히 진입을 하도록 한다. 그리고 필자는 오토바이 소리를 듣기 위해 조수석의 창문을 약간 내리고 시내도로를 주행하기도 한다.

우회전 시에도 가끔 직진하려는 오토바이와 접촉사고를 일으키기도 하는데 특히 편도 1, 2차선에서의 우회전할 때에는 사이드미러나 백미러를 통해 오토바이 접근 여부를 미리 점검하는 습관을 지니고 방향지시등도 항상 작동하여 혹시 모를 사고를 미연에 방지하도록 하자.

우회전할 때 오토바이 접근 및 접촉 사고

왜! Y자 회피에서 2차 상황 사고가 자주 발생되는가?

　　　　　Y자 상황이란 주행 중에 장애물을 만날 경우, 우측이든 좌측이든 장애물을 피해서 운전하는 경우를 말하는 것이며, 1차 상황은 첫 번째 장애물을 부딪치는 순간을 말하며, 2차 상황이란 1차 상황을 피하고 난 후의 상황을 말한다.

　1차 회피 시 속도가 빠른 상황임에도 회피에 급급해 운전대를 필요 이상으로 크게 돌린 후 원위치로 되돌아오기 위해 운전대가 다시 크게 틀어지기 때문에 2차 상황에서 자주 사고가 발생한다.

　평소 습관이 그대로 나타나기에 어쩔 수 없는 상황이라는 점에서는 이해가 되지만 이러면 큰 사고로 이어져 이제부터라도 그 습관을 바꾸고 올바른 방법으로 할 수 있도록 하자.

외우자! 그리고 익히자!
속도가 빠를수록 운전대 조작은 적게!

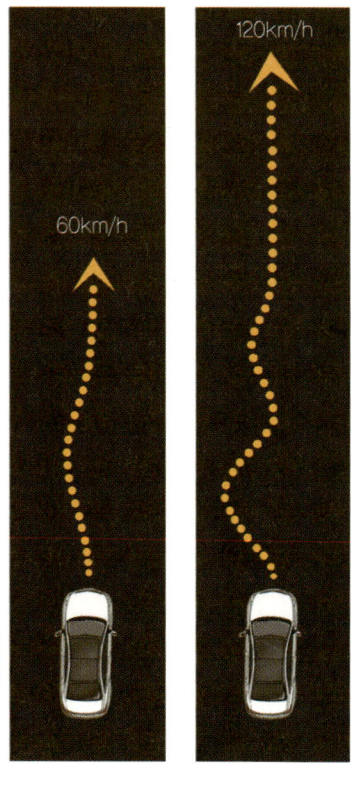

속도에 따른 운전대 양에 의한 차량 변화 비교

전방에 돌발 상황이 발생하여 빠르게 회피하거나 주행 중 코너링을 할 때에는 자동차의 균형이 깨지기 마련이다.

예를 들어, 시속 60km/h에서 운전대를 좌측으로 10cm 틀었을 때_{좌측그림}와 120km/h에서 10cm를 좌측으로 틀었을 때_{우측그림} 차량이 좌측으로 벗어나는 속도와 그 범위는 차이가 크다.

다음으로, 위 조건으로 1차 상황을 회피한 후 원위치 되는 운전대 범위는 회피 시 틀었던 만큼 똑같이 10cm 로 다시 반대편으로 틀었을 시 자동차의 뒤쪽은 관성에 의해 다시 우측으로 크게 틀어지게 된다. 당시의 속도에 의해 틀어지는 범위는 다르지만, 속도가 빠르면 빠를수록 관성력이 커지게 된다.

이러한 상황을 피하고자 운전대를 좌·우로 조작하다 보면 제어가 제대로 안 되어 1차 상황을 잘 피하고도 좌·우로 몇 차례 흔들리면서 전복되는 사고가 발생하거나 또는 반대편 차선으로 진입하여 2차 사고를 초래하는 경우가 적잖게 있다. 그래서 속도가 높아질수록 운전대의 조작 범위는 적게 해야 한다.

속도가 빠를수록 운전대 조작은 짧게!

 1차 회피를 위해 한쪽으로 틀었던 운전대를 원위치시킬 경우 틀었던 운전대 범위보다 적게 틀어 주면서 앞바퀴의 정렬이 직선이 되게 운전대를 조작하면 자동차의 뒤쪽에 관성이 덜 생기고 2차 사고를 방지할 수 있어. 관성에 의해 발생되는 좌·우 흔들림이 크게 줄어들어 자동차를 쉽게 제어한다.

 잊지 말아야 할 건 당시, 속도가 빠를수록 원위치할 때에는 운전대 조작 범위를 적게 하고 동시에 빠르게 조작하는 걸 기억해야 한다. 평소 작은 습관 하나가 대형사고를 방지할 수 있다는 걸 꼭 기억하자.

고장으로 갑자기 멈췄을 때

고속도로나 일반도로에서 자동차가 고장이나 추돌사고가 발생했을 때에는 뒤따라오는 자동차의 운전자가 전방의 상황을 인지하지 못하면 제 2차 사고가 발생하며, 그로 인해 더 큰 사고로까지 이어진다. 자동차 고장과 달리 추돌사고가 발생할 경우에는 운전자의 상태에 따라 후속 자동차들에게 상황 전달이 불가능하거나 늦을 수 있다. 고장이나 추돌사고 후 큰 부상이 아니라면 후미 차량과의 제 2차 사고를 방지하기 위해 아래에 나온 내용을 습득하여 만일의 사태에 대처하도록 하자.

삼각대가 있거나 없을 때

비상용 삼각대가 없다면 우선 비상등을 켜 빠르게 뒤에 따라오는 자동차들에게 상황을 전달하고 사이드미러를 통해 후속 자동차와의 거리가 떨어져 있거나 안전한지 확인 후 자동차에서 재빨리 내려, 되도록 중앙선 또는 중앙 분리대에 바짝 위치하고, 후미 방향으로 뛰면서 입고 있던 웃옷을 벗어 흔들어 주어 응급 상황을 전달하면 된다.

차량 주행이 많고 빠른 속도로 주행하는 도로라면 이러한 응급 상황에서는 트렁크 문을 열고 삼각대를 꺼내어 상황을 전달하기에 늦을 수 있다. 트렁크에서 삼각대를 찾는 사이 후속 자동차와의 추돌로 인해 대형사고로 이어질 수 있기에 우선 위 방법으로 빠르게 대처하고, 자신의 자동차의 상태를 충분히 인지하였다고 생각이 들면 그때 삼각대를 최소 50m 후방에 설치하면 된다.

이는 무엇보다 앞에 위험이 있다는 걸 가장 빨리 전달하는 것이 우선순위이기 때문이다. 당시, 동승자가 있다면 운전자는 웃옷을 벗어 상황전달을 하는 사이 운전자를 대신하여 트렁크에 보관한 삼각대를 꺼내어 설치를 해주면 위험한 상황을 더욱 안전하게 피할 수 있다.

이런 내용을 게재하는 이유는 일반도로나 고속도로에서 자동차 고장이나 사고에 의한 상황인데도 운전자는 비상등만 켜놓고 자신의 자동차 옆에 서 있는 걸 간혹 본 적이 있다. 이러한 판단은 아주 위험하며, 뒤에서 주행하는 자동차에게도 매우 위험하므로 응급 상황이 발생하면 이러한 행위를 하지 않도록 주의해야 할 것이다.

고속도로 및 일반도로에서 고장차량 운전자가 후미차량에게 긴급상황을 알리는 모습

스마트 폰과 이어폰을 낀 보행자를 주의하라

스마트 폰을 사용하는 인구가 점차 늘어나면서 길을 걸으며 자신의 스마트 폰을 보는 보행자와 거기에 더해 이어폰까지 끼고서 걷는 보행자가 많다. 특히 이러한 보행자는 이면도로에서 자주 볼 수 있으며, 이러한 보행자는 전후방에 대한 주의력이 많이 떨어질 수밖에 없다.

스마트 폰에다 눈을 두고 걷다가 걸음걸이가 한쪽으로 치우치거나 이어폰을 끼고 음악을 듣는 보행자는 자동차의 엔진음이나 경적 소리에 둔할 수 있다. 이러한 보행자는 종종 자동차나 오토바이 그리고 자전거에 부딪치는 것을 자주 발생한다.

운전자는 이면도로에서 스마트 폰에 집중하는 보행자와 이어폰을 끼고 걷는 보행자가 있다면 주의하면서 서행 운전을 하도록 하자.

알아서 피하겠지 하고 빠른 속도로 주행하는 순간 되돌릴 수 없는 사고가 발생할 수 있다는 것을 명심하고 건널목을 지나거나 이면도로를 지날 때는 습관적으로 속도를 줄이고 느긋한 마음으로 운전하는 습관을 지니도록 하자.

심폐소생술로 인명 구조하기

일상생활을 하면서 갑자기 주변 사람이 교통사고나 심장마비로 인하여 의식을 잃고 쓰러져 있는 사람과 마주칠 확률은 얼마나 될까? 물론 자주 발생을 하지는 않겠지만 언제 어디서 일어날지 모르는 사태에 대비하여 응급조치를 익혀둠으로써 한 사람의 생명을 살릴 수 있다면 그보다 가치 있는 일은 없을 것이다.

자동제세동기를 사용하자

최근에는 심폐소생술의 중요성이 강조되어 사람들이 많이 다니는 공공장소 곳곳에 자동제세동기 심장 충격기가 설치되어 있으니 관심을 가져 앞으로 일어날 사고에 대비하자. 혹시라도 오늘 지하철에서 자동제세동기를 보게 되면 문을 열고 꺼내서 사용방법을 숙지해 보도록 하자. 몸으로 체험하지 못한 것은 긴급 상황이 발생했을 때 생각보다 당황하여 많은 시간이 소모되기 때문이다.

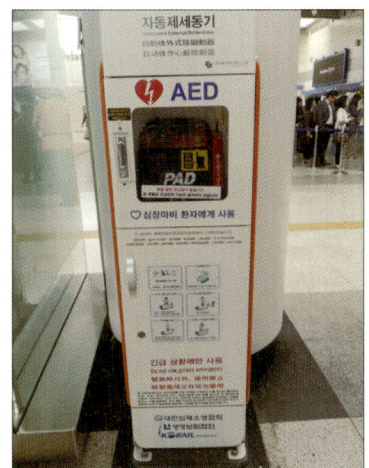 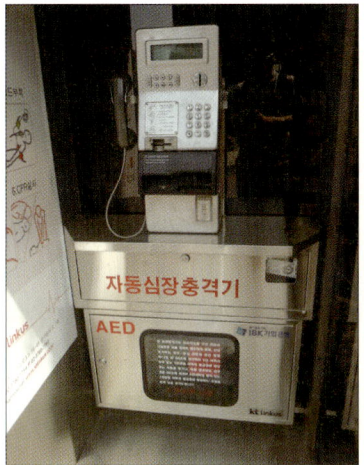 

제세동기 | Defibrillation counter shock

심장을 정상적인 심장박동으로 복원하기 위해 전기를 사용하는 것으로 심장에 고압 전류를 단시간 통하게 함으로써 정상적인 맥박으로 회복시키는 기기를 말한다.

심폐소생술이 한 사람의 생명을 살린다

심폐소생술이란 심장이 마비되고 호흡이 멈춘 상태에서 호흡과 혈액 순환을 회복시키기 위한 응급조치로 압박과 인공호흡을 통해 혈액 순환과 산소를 공급하여 뇌의 손상을 최소화하여 생존확률을 높이는 방법을 뜻한다.

물론 자동제세동기가 주위에 있는 경우에는 심폐소생술 대신에 자동제세동기를 사용하면 되겠지만 환자의 상황을 확인 후에 자동제세동기를 사용해도 의식이 없거나 제세동기가 없는 경우에는 아래의 심폐소생술을 실시하여야 한다. 환자가 성인인 경우 심폐소생술을 하는 요령은 다음과 같다.

❶ 환자의 상태를 살피고 119에 신고한다.

❷ 심장압박을 실시한다. 30회

❸ 인공호흡을 실시한다. 2회

 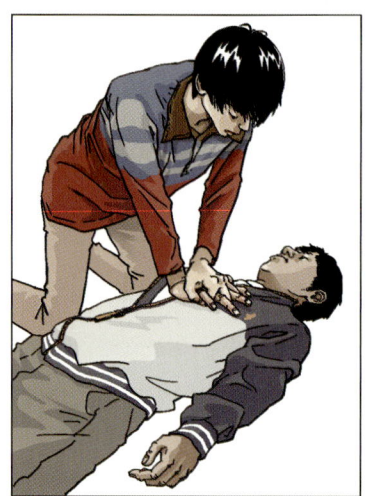 

첫 번째 단계에서 환자의 상태를 살핀다는 것은 의식이 있는지 없는지를 확인하라는 것으로 "여보세요, 여보세요"하고 큰소리로 외쳐 환자의 의식을 먼저 확인한다. 아무 반응이 없을 경우에는 바로 주위 사람의 도움을 받아 119로 신고하도록 조치하고 나서 바로 두 번째 단계를 실시하도록 해야 한다.

두 번째 단계는 그림과 같이 의식을 잃고 있는 환자의 가슴 중앙에 양손을 깍지를 낀 상태에서 강하게 수직으로 흉부 압박을 해주어 심장을 강제적으로 움직이게 해주는 것이다.

세 번째 단계에서는 공기가 잘 들어갈 수 있도록 환자의 목을 살짝 뒤로 젖혀 기도를 확보하고 구조하는 사람은 숨을 깊게 마신 후에 환자의 입을 통하여 공기를 불어넣도록 한다.

두 번째와 세 번째 단계는 119가 올 때까지 계속 반복해주어야 한다. 물론 반복하는 것이 생각보다 힘들지만 한 사람의 생명을 살릴 수 있다는 생각을 갖는다면 매우 보람있는 일일 것이다.

혹시라도 심폐소생술을 체험할 기회가 생긴다면 실제 사람모형의 '애니'라는 인형을 통하여 체험을 해보도록 하자. 애니는 사람의 몸처럼 되어 있어 응급상황에서도 바로 심폐소생술을 할 수 있을 것이다.

심폐소생술 인형 '애니'

심폐소생술에 사용되는 고가의 실습용 인형의 이름을 말하며 'anyone'에서 유래됨. 심폐소생술 압박 및 공기 유입 시 실제 사람과 같은 기능을 할 수 있도록 만들어짐.

쉬어가기 03 가을철 차량관리요령

오일류 확인 사계절

- 엔진오일은 환절기에 급격한 온도변화로 인하여 점도 성능이 저하되므로 상태 점검
- 여름에 물가에 다녀왔다면 브레이크오일에 수분이 스며들 수 있으므로 수분을 점검
- 브레이크 오일은 생명과 직결됨으로 항상 Max와 Min 중간지점을 확인하고 누유 점검

배터리 방전대비 사계절

- 무더운 여름철에는 에어컨과 와이퍼 작동 등의 과도한 사용으로 배터리 점검은 필수
- 배터리 창을 확인하여 교체 여부를 판단(녹색 : 정상, 검정 : 충전 필요, 흰색 : 교체)
- 단자에 하얗게 이물질 끼는 것은 칫솔 등으로 털어낸 후 단단히 조여줌

타이어 확인 사계절

- 여름 휴가철 장기간 운전으로 인한 타이어 손상 여부 확인
- 타이어 마모상태 확인 및 적정 타이어 공기압 주입
- 앞뒤 타이어 크로스 교환

필터류 점검

- 에어컨과 히터의 사용으로 에어컨 필터＝캐빈필터 오염 여부 점검
- 꽃가루 등으로 인한 에어크리너＝에어필터 오염 여부 점검

실내외 청소

- 여름 휴가철 고속운전으로 인한 벌레 자국 제거를 위한 세차
- 장마철 및 높은 습도 인한 실내 곰팡이와 세균 제거를 위한 환기와 매트 세척
- 출발 전 와이퍼에 끼여 있는 낙엽제거 낙엽으로 인한 유리면 스크레치 방치

안개등 점검

- 가을철에는 태풍과 비뿐만 아니라 안개가 자주 발생하므로 안개등 점검은 필수
- 안개 지역에서 시야를 좋게 하며 상대편 차량에 내 자동차를 알려줌

서리제거 장치 및 히터점검

- 가을철에는 아침저녁으로 기온 차가 심하므로 서리가 자주 발생하므로 서리 제거 장치 점검
- 히터는 여름철 동안 사용하지 않았으므로 정상작동 여부 확인

남들보다 운전 잘하기

비행기는 양력을 활용하는 이상적 디자인으로 형체를 가지고 있지만, 자동차는 양력이 아닌 공기저항을 줄이기 위한 기술적 디자인으로 접근하게 된다. 자동차가 주행하면서 만나는 공기는 자동차가 서로 마주 달릴 때에도 생긴다. 이번 장에서는 자동차의 공기저항에 대한 이해와 그 대처방법을 배워 보자.

고속주행 시 옆 차와의 공기저항과 대처요령

공기 흐름을 이해하자

자동차가 주행 중일 때에는 차체의 상하좌우로 공기가 흘러간다. 이러한 공기 흐름은 자동차에 밀착되어 고속주행 시 더 큰 영향을 준다.

모터스포츠에서의 자동차에는 이러한 공기 흐름을 역이용하여 경주차에 다운포스 Down Force 를 얻도록 경주 자동차 차체 Chassis 를 디자인할 때 활용하기도 한다. 그럼, 공기가 우리 자동차에 어떻게 흘러가는지 그림을 통해 알아보자.

그림을 보면, 앞에서 만나는 공기는 보닛 위와 하체 밑, 그리고 앞부분 양쪽으로 공기가 흘러간다. 이 공기는 자동차의 뒷 부분에서 만나게 되면서 5-Door 세단형 또는 해치백 디자인에 따라 자동차의 뒷 부분에 심한 와류현상을 일으키게 된다.

여기서 해치백 자동차를 보게 되면 뒤 유리창에 와이퍼블레이드Wiper Blade가 장착되어 있다. 그 이유는 와류현상으로 인해 우천 시 빗물이 잘 흘러내려 가지 못하기 때문에 장착되어 있다. 또한, 해치백 후미 상단에 스포일러Spoiler가 장착된 이유는 지나친 와류현상을 방지하기 위한 것으로 뒤 유리창 쪽으로 공기가 내려가지 못하게 하고 고속에서는 후미 부분을 공기저항으로 눌려주게 하는 기능으로도 활용된다.

즉, 공기 흐름을 역이용하여 앞부분보다 상대적으로 가벼운 후미 부분에 공기저항을 받게 하여 주행 안정성을 주는 것이다.

큰 차가 지나가면 내 차가 왜 휘청일까?

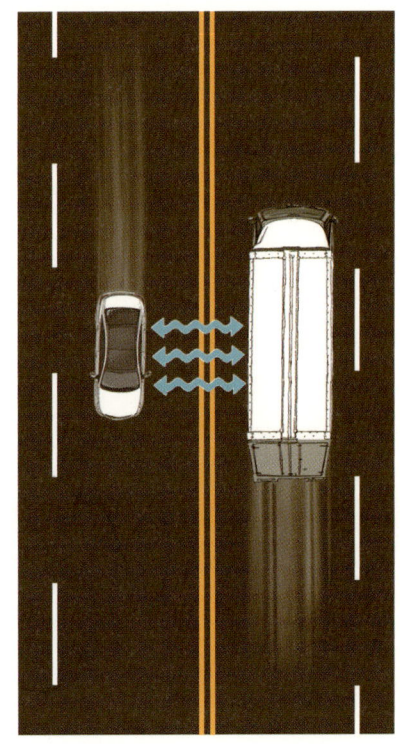

고속도로나 일반국도에서 버스나 대형트럭이 자신의 자동차 옆을 지나가거나 마주 보고 지나가는 순간에는 크고 작은 범위로 자동차가 휘청거리거나 한쪽으로 밀리는 경험을 했을 거다.

이는 자동차와 자동차 사이에 순간적인 공기저항 층

이 형성되면서 발생하는 현상으로 저항이 상대적으로 가벼운 차량의 옆 면을 밀어 휘청거리게 된다. 고속주행에서 큰 차와 마주 달릴 때에는 그 저항이 더 커지기 마련이다.

큰 차가 지나갈 때 이렇게 대처하라

고속에서 마주 보고 지나가거나 옆으로 지나갈 때의 차량이 버스나 대형트럭일 경우, 옆 차선이 없거나 차선변경이 어렵다면 우선 운전대를 힘있게 잡고 지나치기 전부터 속도를 더 내어 자동차의 공기저항을 상승시키는 방법으로 대처하면 저속으로 달릴 때보다 저항의 세기가 조금 저하되는 걸 경험할 수 있을 것이다. 그렇다고 고속으로 속도를 내는 것은 위험한 방법이므로 좋은 방법은 아니다.

또 하나의 방법으로는 옆 차선에 주행하는 차량이 없다면 마주달리기 전에 옆 차선으로 미리 차선변경을 하여 옆 차선의 차량으로 인한 공기저항을 줄이거나 피할 수 있도록 한다.

구동 방식에 의한 자동차 운동성

자동차 구동 방식에 따라 자동차의 운동성은 전혀 다르게 나타난다. 그리고 기술의 발전과 전자장비의 적용이 늘어남에 따라 제어 방법 역시 예전과 비교하여 많이 쉬워졌다.

FF 구동차량

FF Front engine Front wheel drive는 FWD Front Wheel Drive로도 표현하고 있고 국내에서는 전륜 구동으로 명칭하고 있다. FF 방식은 엔진이 앞에 위치하고 타이어를 구동시키는 구동축도 앞 타이어에 있는 방식으로 국산 승용차에서는 대부분이 이 FF 방식을 채택하고

있다. 즉, 운전자가 가속페달을 밟으면 앞바퀴에 구동력을 전달하게 된다. 또한, 전륜 구동방식은 차체 앞쪽의 중량이 무거워지게 되어 코너 회전 시 진행방향 바깥으로 밀려 나가려는 운동 특성이 있다.

전륜 구동방식의 장점으로는 코너 회전 중 중심을 잃었을 때 후륜 구동인 FR_{Front engine Rear wheel drive} 방식보다는 차량 제어_{Counter steer}가 쉬운 편이며, 무게 중심이 앞쪽에 있기에 안정된 직진성을 갖고 있으며, 실내 공간의 활용도 매우 용이하고 엔진과 구동 바퀴와의 거리가 가까워 연비 효율에 미미하지만 이점을 주기도 한다.

이러한 장점 등으로 인하여 불특정 다수의 일반 운전자가 운전하기 가장 편한 구동방식이 전륜 구동_{FF} 방식이다.

FF 방식_{Front engine Front wheel drive}
전륜 구동 방식이라고 하고, 엔진은 차량의 앞쪽에 위치하고 엔진으로 구동되는 바퀴도 앞쪽 바퀴인 경우이다. 빠른 속도로 선회 시에는 언더스티어링 현상이 발생함.

FR 구동차량

FR_{Front engine Rear wheel drive}는 RWD_{Rear Wheel Drive}로 표현하고 있다. 후륜 구동방식이라 명칭하고 있으며, 전륜 구동방식과 다른 부분은 구동축이 뒷바퀴에 있다는 게 다른 점이다. 즉, 운전자가 가속페달을 밟으면 뒷바퀴에서 구동력이 전달된다.

후륜 구동방식은 일부 세단에 적잖게 적용되고 있으며 주로 슈퍼카, 스포츠카, 스포츠 세단 등에 많이 적용되고 있다. 슈퍼카, 스포츠카에는 후륜 구동방식을 응용하여 엔진 배치가 앞쪽이 아닌 뒤쪽RR 방식, Rear engine Rear wheel drive이나 자동차의 중간 근처MR 방식, Middle Engine Rear wheel drive에 배치하여 전후 무게의 배분을 50 : 50에 가깝게 추구하여 이상적인 자동차 주행성을 주도록 다양하게 대응하고 있다.

후륜 구동방식의 장점으로는 전륜 구동방식에 비해 무게의 배분이 앞뒤로 나누어져 있어 제동성이나 회전 운동성이 매우 좋은 편이나, 후륜 구동방식에 익숙하지 않은 운전자가 회전 중에 차량의 중심이 한쪽으로 쏠리려고 할 때에는 차량 제어가 전륜 구동방식에 비해 조작 방법이 약간 어려워 적응이 필요하다.

주행 중
이러한 현상에 대처하라

운전하다 보면 돌발상황을 피하거나 코너에서 지나치게 회전을 하다가 자동차가 중심을 잃어 휘청거리는 위험에 처할 수 있다. 이러한 다양한 상황을 대표적인 예를 두어 대처 요령 방법을 익혀 보자. 우선, 구동력과 관성에 대한 관계를 이해하고 용어부터 익히자.

구동력과 관성의 관계

먼저, 자동차가 주행 중에 발생하는 관성과 구동력의 관계를 이해해야 하는 데, 자동차가 일률적으로 주행하다가 한쪽으로 방향을 틀게 되면, 자동차는 기존의 방향을 유지하려는 관성이 발생하고, 또한 방향을 튼 쪽으로 나아 가려는 구동력을 가지게 된다.

여기서, 구동력보다 관성이 더욱 큰 운동성을 가지게 되면 자동차는 내가 가고자 했던 방향에서 바깥으로 자동차가 밀려 나가게 된다.

반대로 구동력이 관성보다 더 큰 운동성을 가진 상태라면 코너 회전 시 자동차의 무게 중심이 바깥으로 치우치긴 하겠지만, 구동력이 더 높으므로 자동차는 운전자가 의도한 대로 주행할 수 있다. 즉, 자동차의 구동력은 운전자의 조작으로 회전을 하지만 관성은 기존의 움직임 그대로를 유지하는 직선 운동을 가지게 된다.

이러한 두 가지 운동성은 코너링이나 돌발상황 시에 알고 대처하면 안전운전에 크게 도움이 될 것이다.

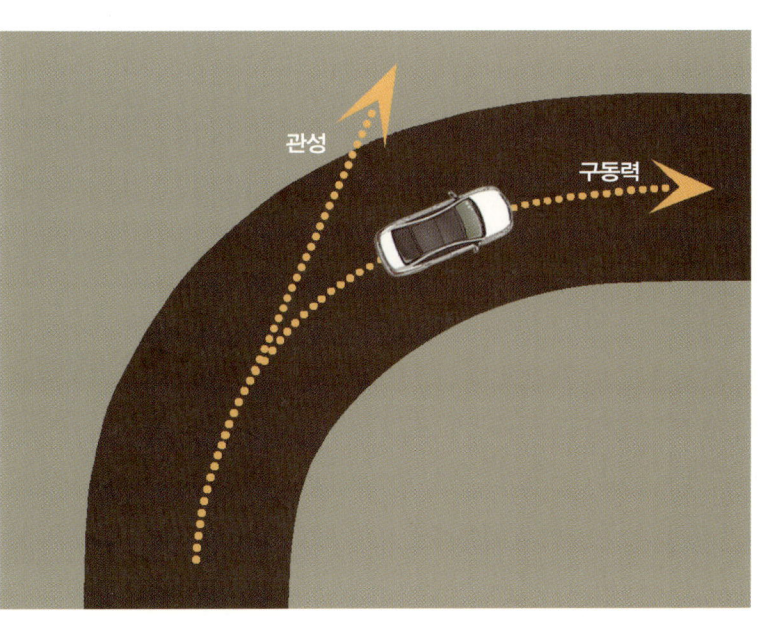

언더스티어링 현상이란

언더스티어링Under steering 현상은 전륜 구동방식 차량에서 나타나는 운동성으로서 회전 시 회전하는 방향 바깥쪽으로 밀려 나가려는 현상을 일컫는다.

언더스티어링 대처 요령은 이렇게

회전 시 속도에 비례하여 바깥으로 밀려날 경우에는 가속페달에서 발을 떼어주는 것만으로도 언더스티어를 제어할 수가 있다. 전륜 구동방식의 차량에서는 언더스티어링 상황이 발생하면 가속페달을 떼어주게 되면 차량 앞부분이 다시 서서히 안쪽으로 들어올 것이다.

오버스티어링 현상이란

오버스티어링over steering 현상은 주로 후륜 구동방식 차량에서 나타나는데 회전 시 앞쪽이 회전 방향의 안쪽으로 밀려 들어오면서 뒤쪽은

진행방향 바깥쪽으로 밀려 나가려는 듯한 현상을 일컫는다. 아래 요령으로 오버스티어링 현상에 대처해 보자.

오버스티어링 대처 요령은 이렇게

회전 시 오버스티어링 현상에 의해 안쪽으로 들어 오거나 운전자가 느끼기엔 후미가 바깥으로 밀려 나가는 걸로 느낌 차량이 안쪽으로 밀려 들어오려 할 때에는

❶ 가속 페달에서 발을 살짝 들고

❷ 운전대 방향을 회전하고자 했던 방향의 반대방향으로 조작 우회전할 때 오버스티어링이 발생할 경우 운전대는 왼쪽으로 조작

❸ 다시 운전대를 정위치로 조작하며,

❹ 동시에 가속 페달을 다시 밟아주면 일반적인 오버스티어 현상을 제어할 수 있다.

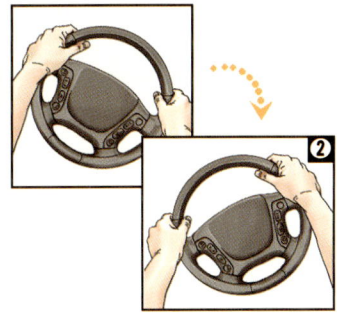

여기서 유의해야할 건 ❶, ❷, ❸, ❹의 네가지 동작이 동시에 한 동작으로 이어져야 한다는 걸 기억해 두자. 그리고 오버스티어에서 벗어나기 위해 가속 페달을 다시 밟을

때에는 당시 상황에 맞게 지그시 밟도록 해야 하며, 오버스티어 제어 후 자동차 방향이 제대로 이루어지지 않은 상태에서 갑자기 가속 페달을 깊게 밟으면 자동차는 한쪽으로 다시 틀어질 수 있기 때문이다.

가장 안전한 운전 방법은 지나친 속도로 코너에 진입하지 않는 것이다. 대처 능력이 현저히 부족한 상태에서 진입하면 자동차를 제어하지 못하여 사고로 이어질 수 있기에 이러한 현상을 애초에 만들지 않는 게 가장 좋은 방법이다. 만약을 위해 꼭 배우고 싶다면 자신의 자동차 성능을 먼저 알고 나서 접근해야 할 것이다.

차체 중심이 한쪽으로 치우칠 땐 카운터 스티어링를 이용하라

자동차 운전에서 카운터 스티어링Counter steering은 운전대 조작을 역회전하여 차체 중심을 잃은 차량을 올바르게 잡도록 하는 방법이다. 권투에서 주먹이 날아올 때 피하지 않고 그대로 맞받아치는 걸 카운터라 부르는 맥락과 같은 뜻으로 드라이빙 테크닉 중 하나이다.

운전자가 카운터 스티어링으로 대처해야 할 상황이라면 범위가 적든 넓든 자동차는 한쪽으로 이미 틀어져 있는 상태가 되어 자동차는 중심을 잃어 거의 사고에 직면해 있는 경우일 것이다.

카운터 스티어링 원리를 그림으로 이해해보자

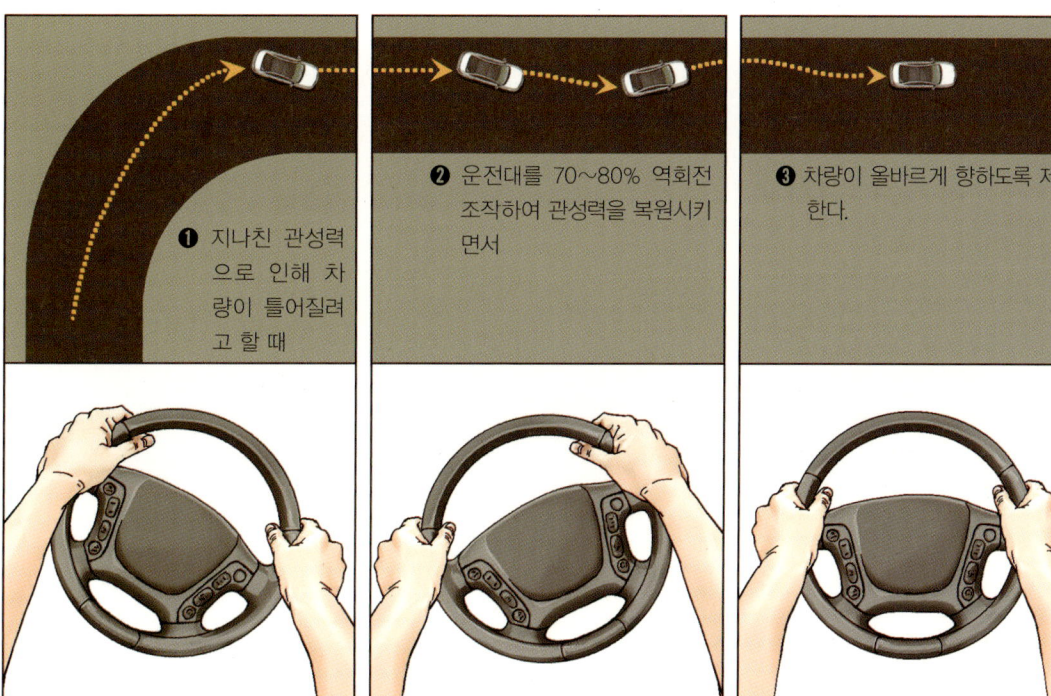

❶ 지나친 관성력으로 인해 차량이 틀어질려고 할 때

❷ 운전대를 70~80% 역회전 조작하여 관성력을 복원시키면서

❸ 차량이 올바르게 향하도록 제어한다.

148 운전은 **프로**처럼, 안전은 **습관**처럼

잘못된 교차로에서
출발은 한 박자 늦게

시내도로의 교차로 차선 중 3, 4차선을 가진 교차로가 적지 않게 있으며 그 중, 일부 교차로는 1, 2차선에서 대기 중인 운전자에서 보면 우측 대각선의 도로가 일부분이 보이지 않아 교통사고로 이어질 확률이 높은 경우가 있다. 이럴 때에는 아래의 내용으로 읽고 대처해 보기로 한다.

정지차선 맨 앞에서 신호를 기다린다면 이걸 주의하라

우측 그림과 같은 조건의 정지 차선이 있다. 1, 2차선의 운전자는 3, 4차선 운전자에 비해 대각선 우측 차량의 흐름을 잘 볼 수가 없다. 여기서 예를 들면 Ⓐ, Ⓑ, Ⓒ, Ⓓ차량의 차선이 파랑 신호등으로 되어 출발하면, 1, 2차선의 Ⓐ, Ⓑ차량은 Ⓔ차선에서 신호를 무시하고 달리는 차량과 만나게 되어 정면충돌이나 측면충돌로 이어질 수 있는 차선 구조이다. 이런 차선에서는 3, 4차선의 차량보다 한 박자 늦게 출발하도록 하자.

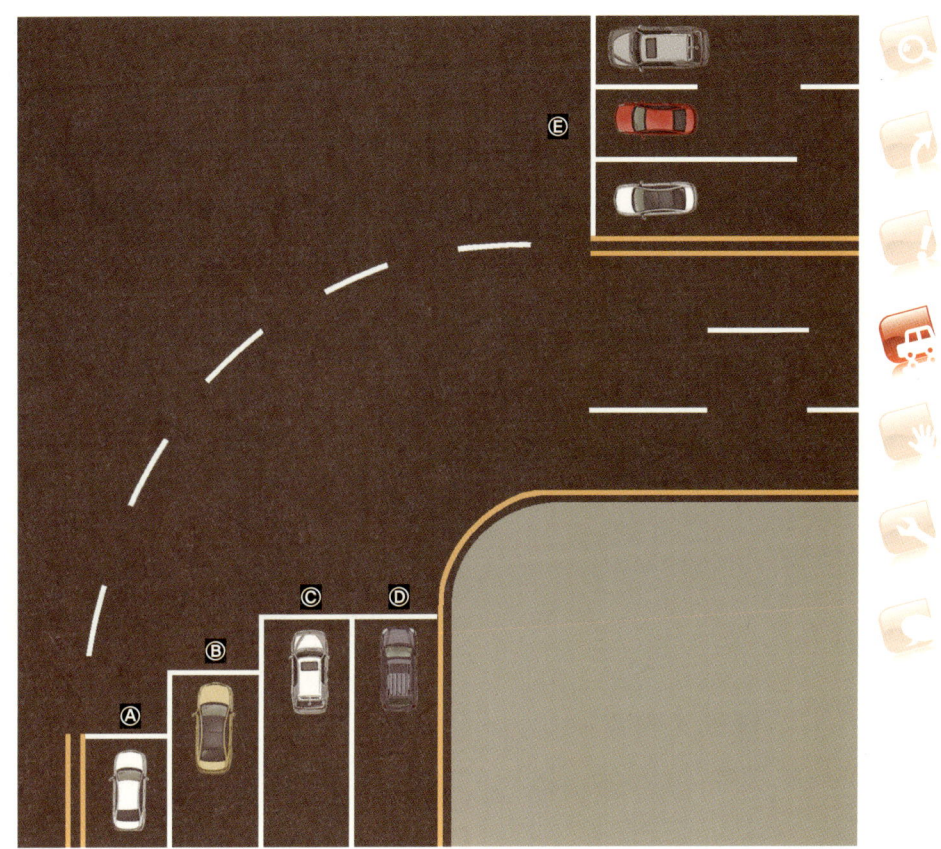

Ⓐ측 차량 운전자는 Ⓔ 차선의 교통 흐름을 볼 수 없다. 문제점은 Ⓐ 차선이 Ⓑ, Ⓒ, Ⓓ 차량보다 더 뒤에 있다.

신호대기 중에도 옆 차선에 큰 차량이 있을 때도 한 박자 늦게

시내 주행 중에는 자신의 차량보다 큰 차량이 우측에서 신호를 기다리는 상황을 자주 접한다. 자신의 자동차 높이가 낮을 경우는 옆 차선에 같은 높이의 차가 있다면 대각선 우측 차량 흐름을 파악하는 데 어려움이 없겠지만 높은 차량이 있을 때에는 차량 흐름을 파악하는 게 어렵게 된다. 이런 때에도 파랑 신호등이 켜지더라도 한 박자 늦게 출발하도록 하자.

교차로 맨 앞의 경우

교차로에서도 옆 차선에 큰 차량이 정차하고 있을 때에는 파랑 신호등만 보고 무조건 출발했다가는 교차로 우측 대각선에서 신호를 무시하고 주행하는 차량과 사고가 발생할 수도 있다. 이러한 상황을 대비해 보자.

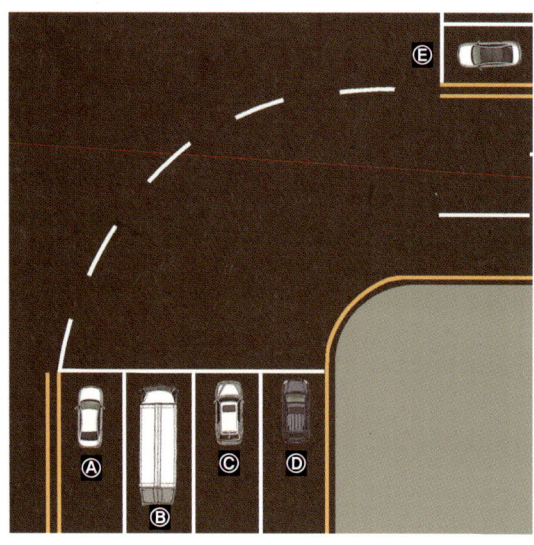

Ⓑ차선에 큰 차량이 있을 경우에는 Ⓐ차선 차량의 운전자는 우측 대각선 차선의 정보가 부족하다.

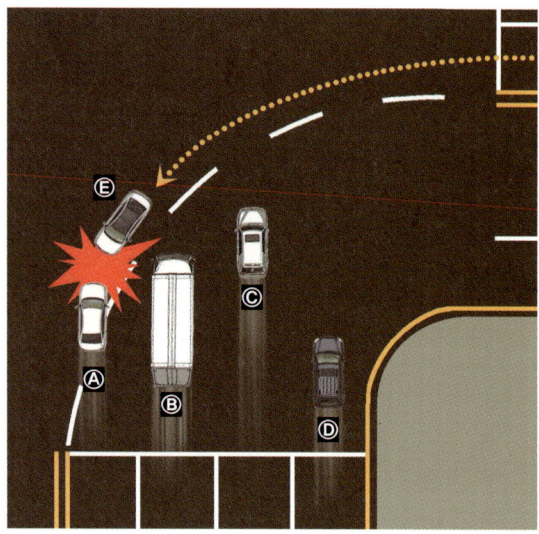

Ⓔ차선에서 신호를 무시하는 차량이 오게 되면 Ⓐ차선 차량의 시야 확보 부족으로 Ⓔ차선 차량과 사고가 날 확률이 높아진다.

건널목 맨 앞에서 출발할 경우

건널목에서도 맨 앞 차선에 정차된 차량이 버스나 트럭일 경우에도 건널목 신호를 확인하지 못한 보행자가 건너고 있다면 좌측에서 횡단하는 보행자를 시각적으로 판단이 어렵다.

이런 상황에서도 마찬가지로 옆 차선의 큰 차량이 먼저 출발하는 걸 확인하고 난 후 출발하여 건널목 신호의 점멸 시점에 급하게 횡단하는 보행자 또는 자전거와의 사고를 미리 예방할 수 있다.

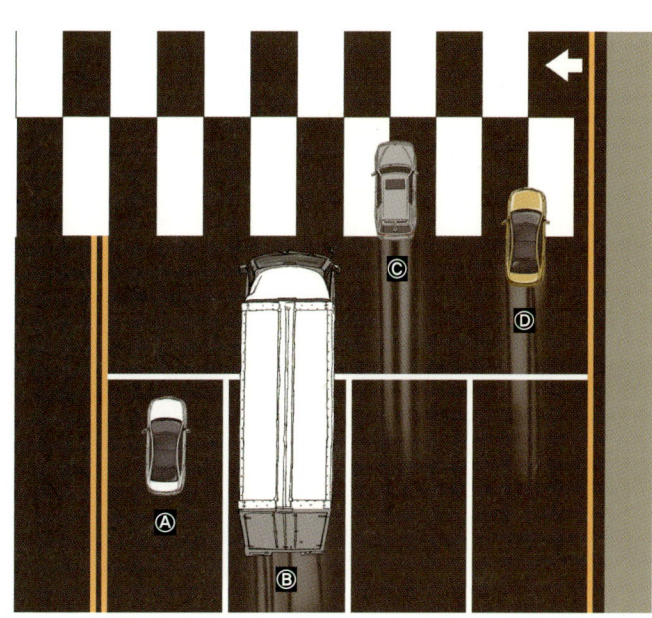

Ⓐ차선 차량은 Ⓑ차선의 대형 차량이 출발한 후 건널목을 확인한 후에 출발하여 사고를 미연에 방지하자.

급발진 시 응급대응

급발진 현상은 수년 전부터 꾸준히 발생하고 있고, 급발진의 원인을 두고 운전자와 자동차 제조회사 간의 견해차는 아직까지 팽팽한 책임공방으로 이어져 올 뿐, 속 시원한 원인 규명이 되지 않고 있다. 반면, 급발진으로 인한 사고는 대부분 대형사고로 나타나고 있고 갑작스러운 상황에 운전자 역시 당황할 뿐 제대로 된 대응을 하지 못하고 사고를 겪는 게 일반적이다.

급발진은 주로 자동변속기에서만 발생하는 현상이며, 급발진 시 다음의 몇 가지 주요 사항을 이해하고 대처하도록 하자.

급발진 대처 요령 2가지 꼭꼭! 외우자

급발진이라 느껴지면 운전자는 즉시 변속기 레버를 중립 위치N에 놓는다

운전자 대부분은 자신이 급발진 상황에 놓이게 되면 우선 당황하여 브레이크 페달만 밟고 있을 뿐 별다른 대처를 못한다. 급발진이 발생했을 때에는 변속기 레버를 재빨리 중립N-Nutual으로 전환하면서 브레이크를 아주 힘차게 밟으면 된다.

변속기 레버를 중립에 두는 시점부터는 구동력이 차단되어 급발진으로 인해 발생한 엔진의 굉음만_{엔진 RPM 상승 소리} 지속해서 들릴 뿐 속도는 운전자가 변속기 레버를 중립 위치에 두기 전까지 이어져 온 속도로만 남아 있게 된다.

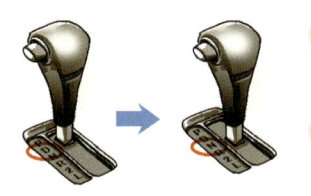

위의 재빠른 대처로 급발진으로 추가 속도가 발생하지 않도록 한다.

급발진이라 느끼면 시동을 끈다

또 하나의 빠른 대처요령으로는 급발진이라 느낄 경우 변속기 레버를 주행하던 기어 위치에 둔 상태에서 시동을 꺼버리는 것이다.

즉, 자동변속기_{Auto transmission}을 전자적으로 제어하는 장치_{자동변속기 제어모듈인 TCM}

Transmission control module의 신호를 차단하기 위함이며 또한, 변속기 레버를 주행 상태에 둔 상태에서 시동을 꺼야 한다는 의미는 시동 차단 후 엔진 브레이크 효과를 얻어 주행해 오던 속도에 의한 관성으로만 앞으로 나아갈 뿐 통제 불능의 속도로 인한 대형 사고는 방지가 된다.

위 두 가지 대처요령은 급발진 시 운전자가 차 안에서 할 수 있는 최상의 대처방법이다. 상황에 따라서는 자동차의 일부 부품에 손상이 있을 수 있으나 급발진으로 인해 발생하는 대형사고는 피할 수 있다. 항상 어떠한 돌발상황이 발생하면 평소의 습관이 우선 나타나게 되는 데 위 두 가지 대처요령을 꼭 외워두어 급발진으로 인한 대형사고만큼은 피하는 운전자가 되어 보도록 하자.

급발진 상태에서 제동을 하여도 브레이크 페달이 무거운 이유는

이러한 현상은 급발진 상태에서 브레이크는 실제로 작동하고 있지만, 하이드로 백의 기능 저하로 인해 사실상 브레이크가 작동불능이라고 운전자는 판단하게 된다. 즉, 급발진 시 제동을 하면 무겁고 딱딱하게 느껴지는 이유이다.

하이드로 백Hydro-vac이란?
진공 브레이크로서 유압 브레이크에 진공 배력장치를 병용하여 살짝만 밟아도 제동 확보가 용이한 부품이다.

안전운전교육센터 둘러보기

운전을 잘한다는 것은 남들보다 안전운전을 통하여 사고를 사전에 방지하는 것을 말하며, 응급 시에 빠른 조치를 하는 것을 말한다. 이렇게 남보다 운전을 잘하고, 남들보다 차량을 안전하게 운전하는 것을 책으로만 보고 익힐 수가 있을까?

그 대답은 단연코 'No'다.

운전은 이론으로만 하는 것이 아니라 실기로 하는 것으로 운전자가 몸으로 체험하고 습관화시킴으로써 안전운전을 내 것으로 만드는 것이다.

20여 년 동안 자동차를 운전한 사람이라면 대부분 운전자는 자신의 운전방법이 안전운전이라고 여길 것이며, 그동안 교통사고가 발생하지 않았다면 자신이 운전을 제일 잘한다고 생각할 것이다. 하지만 실제로 운전을 하다 보면 위험한 요소들이 수시로 발생하고 그 상황들에 놓이게 되면 대처 능력이 현저히 낮아 크고 작은 교통사고로 이어지게 되는데 정작 본인에게서 발생한 교통사고 조차 어떻게 해서 발생한 지 이유조차 모를 것이다.

예를 들어 갑자기 빙판길에서 자동차가 미끄러지는 경우, 운전자는 본능에 따라 브레이크 페달을 꽉 밟게 된다. 그런데 자동차가 미끄러져 주위의 시설물이나 다른 차량에 충돌이나 추돌이 일어났다. 왜 일어났을까? 미끄럼 구간에서는 브레이크를 밟으면 운전대의 조작력이 현저히 떨어지게 되는데 약간의 핸들 조작만으로도 자동차는 크게 틀어질 수 있기 때문이다.

이렇듯 평소에 운전하는 습관과 조작력으로 안되는 경우들이 있는데 이러한 경우들을 미리 체험할 수 있는 대표적인 안전운전체험교육센터가 있다. 이 안전운전체험교육을 통해 많은 독자가 직접 체험해 보기 바란다.

	교통안전공단 교통안전교육센터	한국교통안전교육센터	레이싱 아카데미
운영주체	공립	사립	사립
주　소	경상북도 상주시 청리면 마공리 1238번지	전라남도 영암군 삼호읍 삼포리 745-1	경기도 안산시 상록구 사동
연락처	054)530-0100	02-338-8000	0505-612-0000
홈페이지	Tcsd.ts2020.kr	www.ktec.or.kr	www.racingschool.kr

체험장소는 변경이 될 수 있습니다.

이제는 성숙한 자동차 문화가 필요할 때가 온 듯하다. 차량운전만을 위한 운전면허시험뿐만 아니라 안전운전을 체험할 수 있도록 운전면허를 발급받은 운전자에게 수강할 수 있도록 많은 홍보와 지원이 이루어졌으면 한다.

안전운전, 체험하기

안전운전을 교육하는 시설이 국내에 많이 있지 않지만 앞에서 소개한 센터의 교육프로그램들이 비슷하므로 여기서는 그 교육프로그램을 소개하는 차원에서 일반운전자를 위한 1일 체험 프로그램을 중심으로 내용을 소개하고자 한다.

시청각 교육

교통사고 이후 가해자와 피해자의 삶을 다큐멘터리 형식으로 제작된 영상물을 통하여 본인의 작은 실수가 교통사고 피해자, 가족 및 주변 사람들에게 주는 고통에 대하여 이해하고 교통사고의 위험성과 안전운전에 대한 경각심을 갖도록 교육 내용이 구성되어 있다.

운전자세교정 및 운전대 조작방법

운전을 많이 해본 경험자일수록 운전할 때의 자세와 운전대를 잡는 자세가 바르지 않고 사용방법 또한 여러 가지가 있다.

장기간 동안 잘못된 습관으로 인하여 언젠가는 생명이 걸린 중대한 실수를 하여 대형 사고를 당할 수 있음을 알아야 한다. 자신의 오랫동안 운전 경력을 과시하고 올바른 자세를 취하지 않고 돌발 상황이 발생할 때에는 바로 대응할 수 없는 운전자세를 취하는 운전자는 언젠가는 큰 사고를 불러일으킬 수 있어 방어운전을 할 수 있는 운전자세로 다시 교정하여야 한다.

운전자세 교정과 운전대 교육

안전벨트 시뮬레이터 체험

사고로 인한 차량 전복에서 탈출하는 방법과 안전벨트의 중요성을 시뮬레이터에서 체험하는 교육프로그램이다. 이 시뮬레이터는 360도 회전 시 안전벨트의 역할과 전복 시 운전자와 동승자의 몸을 어떻게 지탱하고 잡아주는지, 그리고 안전벨트 미착용할 때 어떠한 위험에 처하는지를, 그리고 90도에서 180도 차량 전복 시에 탈출하는 방법을 교육생이 직접 시연해보고 탈출 방법을 습득하는 체험장비이다.

직접 몸으로 체험해보지 않으면 사고 시에 당황하게 되어 전복된 차량에서 탈출하기는 쉽지 않을 것이다. 하지만 미리 체험을 통하여 탈출 방법을 몸으로 익혀 무의식적으로 탈출하도록 하자.

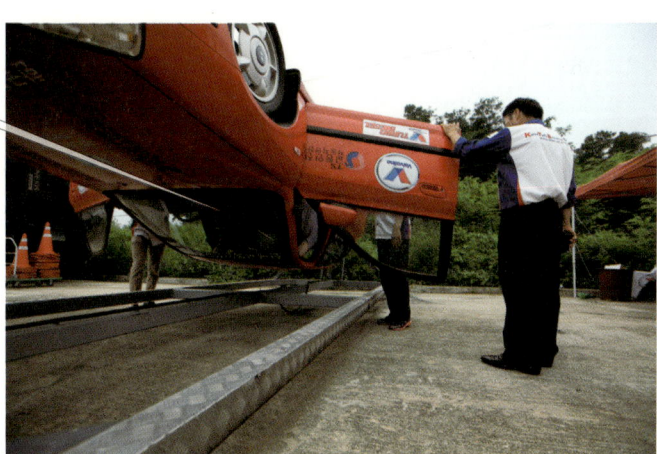

안전벨트 시뮬레이터

사각지대 체험

사각지대의 주사고 원인은 주차 중에 발생하는 인사 사고와 주행 중에 발생하는 접촉사고가 있다. 주차 중에는 보이지 않는 사각지대의 사고는 본인이 조금만 신경을 쓰고 안전수칙을 잘 지킨다면 얼마든지 예방할 수 있을 것이다.

주행 중인 내 차의 오른쪽 앞쪽에서 주행하던 차량이 내 차를 미처 보지 못하고 왼쪽으로 밀고 들어오는 경우에는 본능적으로 내 차도 운전대를 왼쪽으로 돌려 중앙선을 넘는 경우가 생겨 결국 사고로 이어지게 되어 자신이 가해자로 되어 버리는 경우가 있다.

이에 대한 대처 방법으로는 이미지 트레이닝을 하면서 좌측에서 내 차선으로 들어오면 브레이크 페달을 살짝 밟아 속도를 줄이고, 좌·우측 차선을 확인 후 운전대를 좌측 또는 우측으로 돌려서 차선을 변경하면 사고를 피해 갈 수 있다.

사진과 같이 앞서 운전하고 있는 자동차의 좌측과 우측에 다른 자동차가 쫓아오고 있음에도 불구하고 사각지대에 들어간 후미의 자동차들은 백미러를 통하여 보이지 않을 것이다. 여기서는 앞부분에서 언급된 백미러 정조준으로 사각지대를 없애기 부분을 다시 한 번 보길 바란다.

사각지대 체험하기

장애물 긴급회피 체험

장애물 긴급회피 체험프로그램을 통하여 주행 중 갑작스러운 장애물 발견으로 안전하고 신속하게 급제동으로 인한 조향능력상실_{차량의 바퀴가 잠길 경우}을 체험하여 장애물을 긴급 회피할 때 효과적인 브레이크 페달을 사용방법을 향상시켜주는 프로그램이다.

장애물 긴급회피

빗길 급제동 및 브레이크 조작방법

시속 80~100km/h 주행 시 빗길의 젖은 노면에서 각기 다른 제동 거리를 체험하고 효과적인 브레이크 사용으로 제동거리를 20~30% 감소시킬 수 있는 능력 배양과 직선 차로의 브레이크 조작방법과 대처요령 그리고 도로 요건과 상황별 제동거리 측정, ABS 장착 차량과 미장착 차량의 각기 다른 제동 성능을 확인함으로써 위험 상황에서의 차량 제어능력을 향상시켜주는 체험프로그램이다.

빗길 급제동 체험하기

빙판 체험과 사이드 브레이크 조작법

빙판길 주행 시 발생할 수 있는 미끄럼 현상을 체험하고, 빙판 미끄럼의 위험성을 인식 및 대처요령을 습득한다. 또한, 브레이크 고장 시에도 핸드 브레이크를 사용하여 스핀턴을 하는 방법도 배우게 된다.

빙판길 체험하기

영화에서 보면 차량이 180도로 돌면서 방향 전환하는 것을 볼 수 있으다. 이 장면은 숙달된 기술이 필요한 것이 아니라 조금의 학습을 받고나면 누구나 할 수 있다. 여기서 우리가 다시 한 번 유념해야 할 것은 스핀턴은 멋으로 하는 것이 아니라 브레이크 고장에 대비하여 자동차를 안전하게 정지하는 방법을 익히는 것이다.

응급처치 심폐소생술

교통사고가 발생하면 운전자나 동승자는 심한 부상에 처하는 경우가 발생하는 데 심한 출혈로 인하여 기도가 막히거나 호흡이 정지되는 경우가 있고 심장이 정지된 상태에서는 아무런 조치도 하지 못하고 구급차만 기다리고 애만 태우는 경우가 발생한다.

이러한 만일의 사태에 대비하여 사전 심폐소생술이나 응급처치에 대한 사전 교육으로 한 사람의 소중한 생명을 구할 수 있다.

심폐소생술에 대한 내용은 이미 앞부분에서 설명하였으니 실제 체험을 통하여 한 생명을 구할 수 있는 계기를 마련하는 교육과정이다.

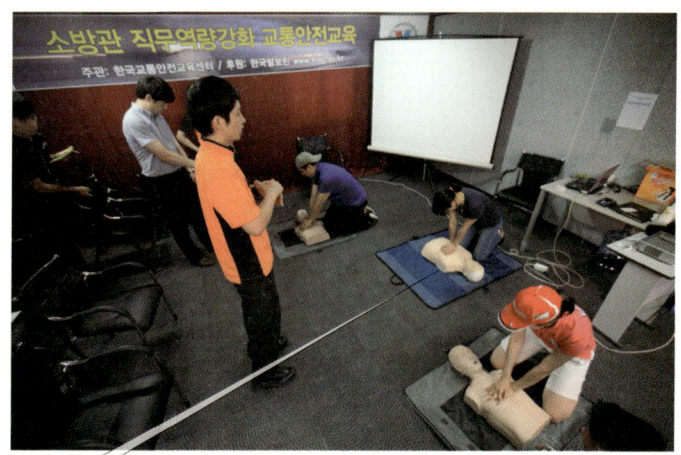

심폐소생술 체험하기

164 운전은 **프로**처럼, 안전은 **습관**처럼

쉬어가기 04 　겨울철 차량관리요령

오일류 확인 　사계절

- 겨울철에는 엔진오일의 원활한 순환을 위해 출발 2분 전 예열시간을 갖고 운행 권장
- 엔진오일은 환절기에 급격한 온도변화로 인하여 점도 성능이 저하됨으로 상태 점검
- 브레이크 오일은 생명과 직결됨으로 항시 Max와 Min 중간지점을 확인하고 누유 점검

배터리 방전대비 　사계절

- 혹한기에 배터리 정상작동을 위해 헌 옷 등의 보온재로 감싸줌 기온이 영하 10도로 내려가면 배터리 성능이 저하되어 시동이 안 걸릴 수 있음
- 배터리 창을 확인하여 교체유무를 판단 녹색 : 정상, 검정 : 충전 필요, 흰색 : 교체
- 단자에 하얗게 이물질 끼는 것은 칫솔 등으로 털어낸 후 단단히 조여줌

타이어 확인 　사계절

- 겨울용 스노체인으로 타이어 교체
- 타이어 마모상태 확인 및 적정 타이어 공기압 주입
- 앞뒤 타이어 크로스 교환

냉각수 부동액 확인

- 냉각수는 2년 이상 방치하면 변질될 우려가 있기 때문에 상태를 확인 후 교체 유무를 결정
- 냉각수의 양은 Full과 Low 사이 중간 지점이 정상 모자라면 채워야 함

월동 장비 준비

- 눈길에서 사용할 '스노체인' 또는 '스프레이 체인' 구비
- 앞유리창의 성에 제거를 위한 성에제거기 및 성에제거 스프레이 구비
- 낮은 기온에서 워셔액이 얼지 않도록 겨울용 워셔액을 사용 권장

히터와 라디에이터 호스 점검

- 히터에서 냄새가 난다면 에어컨 필터 = 캐빈필터 교체
- 겨울철에 라디에이터 호스가 딱딱하면 누수의 가능성이 있으므로 교체

나이가 들어 성인이 되면 고등학생 때와는 다른 몇 가지 사회적인 활동을 할 수 있는데 그 중에 술을 마실 수 있는 것과 운전을 할 수 있는 것이 거의 동시에 일어난다. 꼭 두 가지 활동이 연관성이 있다고는 할 수 없지만, 운전을 처음 배우고 운전습관을 처음 익히는 사람들에게 음주에 대한 의식은 매우 중요하다.

술만 먹으면 운전하는 운전자

음주운전을 하는 대부분의 사람 심리는 "나는 괜찮겠지~"이다. 어떻게 나만 괜찮을 수가 있을까? 음주운전이야말로 교통수단에서 무서운 살인 무기인 것이다.

그리고 음주운전을 하는 운전자나 동승자뿐만 아니더라도 음주 차량에 교통사고를 당한 피해자는 평생토록 돌이킬 수 없는 인생을 살 수밖에 없다. 또한, 음주 운전자는 평생 죄의식에서 벗어날 수 없는 엄청난 고통을 짊어지고 살아갈 것이다.

물론 이 글을 읽고 "나는 절대로 음주운전을 하지 않겠다."라고 하는 이는 드물 것이다. 지속적인 정부의 음주 단속 노력과 더불어 성숙한 교통문화 차원에서 지속적인 노력이 필요하며, 또한 음주에 따른 고통적인 삶을 살 수 있다는 홍보도 필요할 것이다.

음주운전에 대한 법률적 기준(도로교통법, 법률 제 11298호, 공포일 2012.2.10, 시행일 2013.7.1)

제44조(술에 취한 상태에서의 운전 금지)
① 누구든지 술에 취한 상태에서 자동차 등을 운전하여서는 아니된다.
② 제1항에 따라 운전이 금지되는 술에 취한 상태의 기준은 운전자의 혈중알코올농도가 0.05% 이상인 경우로 한다.

제148조의2(벌칙)
③ 44조 ①을 위합하여 술에 취한 상태에서 자동차 등을 운전한 사람은 다음 각 호의 구분에 따라 처벌한다.
1. 혈중알코올농도가 0.2% 이상인 사람은 1년 이상 3년 이하의 징역이나 500만 원 이상 1천만 원 이하의 벌금
2. 0.1% 이상 0.2% 미만인 사람은 6개월 이상 1년 이하의 징역이나 300만 원 이상 500만 원 이하의 벌금
3. 0.05% 이상 0.1% 미만인 사람은 6개월 이하의 징역이나 300만 원 이하의 벌금

음주 운전 금지 및 벌칙에 관련된 법규는 도로교통법에서 규정한 최소한의 법률적 기준이며, 음주운전으로 인한 사고는 교통사고처리특례법에서 피해자의 뜻과 관계없이 공소를 제기하도록 규정하고 있으며 이는 곳 범죄행위임을 뜻한다.

또한, 음주운전으로 3회 적발되면 운전면허가 취소되고, 음주운전 전력이 3년 이내에 2회 이상인 사람, 5년 이내에 3회 이상인 사람, 5년 이내에 2회 이상 처벌받고 3회째에 혈중알코올농도 0.10% 이상인 상태에서 무면허로 운전하다가 적발된 사람, 음주운전으로 면허 취소 또는 정지 상태에서 또 음주운전으로 적발된 사람도 구속처리 된다. 또 혈중알코올농도 0.36% 이상인 음주운전자는 전력에 상관없이 무조건 구속 처리된다.

대리운전의 천국

그나마 최근 들어 음주운전이 줄어들고 있는 것은 정부의 강력한 음주운전 단속과 더불어 늘어난 대한민국의 독특한 시스템인 대리운전도 한몫하고 있다. 대리운전요금은 최근에 대리운전회사들의 경쟁으로 가격이 점차 낮아지고 있다. 지금은 거의 택시비와 비슷한 수준이라고 해도 과언이 아니다.

대리운전요금이 아깝다고 생각하지 말고 잘 이용하면 음주운전을 하는 습관을 고칠 수 있을 것이다. 때로는 대리운전을 불러놓고 빨리 오지 않는다고 하여 음주운전을 하다가 사고가 발생하는 것을 매체를 통해 많이 보는 데 이러한 행위는 절대하지 말아야 할 것이다.

술자리 끝날 무렵 나만의 대리운전업체에 전화하여 안전운전을 위한 '대한민국의 막강 대리운전시스템을 적극적으로 활용하도록 하자.'

깜박! 졸음운전

이 책을 읽는 독자들은 운전 중에 졸음이 오면 어떻게 하는가? 가까운 휴게실에 들러 눈을 잠깐 붙이는가?, 아니면, 졸음을 참아내면서까지 운전을 계속하는가?, 운전 중에 졸음이 오면 제일 좋은 방법은 그 졸음을 없애는 것이다. 잠깐 안전한 곳에서 차량을 정차하고 나서 충분한 휴식을 취한 후에 다시 운전해야 한다.

장거리 여행의 안전한 운전

장시간 운전을 하면 졸음이 오게 되는데 이러한 현상은 당연할 수 있다. 천하장사도 졸음 앞에서는 괴력을 발휘 못하듯 졸음운전은 어찌 보면 앞에서 설명한 음주운전만큼 대형교통사고를 유발할 수 있으므로 습관적으로 졸음운전은 피하도록 하자.

장거리 여행할 경우에는 2시간마다 휴게실이나 졸음 쉼터 등의 안전한 곳에 차량을 정차하여 가벼운 체조 등으로 피로를 풀어야 하며, 졸음이 가시지 않으면 차에서 약 20분 정도 가수면을 취하기만 해도 놀랄 만큼 피로가 풀릴 것이다.

또한, 장거리 여행 시에는 감기약 등이 졸음을 유발할 수 있으므로 복용할 때 주의해야 한다. 콧물약이나 기침약에는 항히스타민제가 들어 있어 복용 후 30분~1시간 후에 졸음이 쏟아지는데 운전하기 전에 성분을 확인 후 약물 복용에 주의해야 할 것이다.

운전 중에 졸음을 쫓는 방법

자동차에도 센서와 액추에이터가 있듯이 사람에게도 졸음

이 올 경우 하품을 하게 되는데 뇌 신경이라는 센서를 통하여 자연스럽게 하품을 하게 된다. 일단 운전자가 하품하는 순간, 운전자를 포함한 동승자들은 운전자의 졸음을 쫓으려고 노력할 것이다.

참고로 최근에 출시되는 차량 중에는 운전자의 눈을 인식하는 센서가 들어가 있어 깜박이는 정도에 따라 졸음을 인식하고 경고음을 주거나 운전자의 시트를 진동시켜 줌으로써 졸음을 떨쳐낼 수 있는 기능이 포함된 자동차도 있다. 이러한 기술은 나날이 발전되고 있지만 아직까지 대부분의 자동차에는 이러한 장치가 장착되지 않아 졸음을 쫓아내려는 운전자의 노력이 필요하다.

여기 몇 가지 방법을 소개하지만, 반드시 운전자에 따라 본인에게 잘 맞는 방법이 선택하도록 하자.
❶ 씹을 거리를 준비하자 껌, 목캔디 등
❷ 창문을 열어 외부의 공기를 유입시킨다.
❸ 목 주위나 손을 주무른다.
❹ 발을 시원하게 한다.

운전 중에 전화하고 문자하기

휴대전화기가 일반화되면서 운전 중에 전화를 걸고 한 손으로 문자를 보내는 등의 생활이 초기에는 교통사고가 급속도로 증가시키게 되어 휴대전화로 인한 교통사고를 줄이기 위해 정부 차원에서 해당 법을 만들어 단속하고 있다. 도로교통법 제 49조 제1항 제10호 및 도로교통법 시행령 제 29조에 따르면 운전 중 휴대전화 사용을 금지하고 있으며 이를 위반할 경우 20만 원 이하의 벌금이나 구류.

차량 핸즈프리를 반드시 이용하자

최근에는 휴대전화기의 주변 부품들의 발달로 인해 거치대 안에 휴대전화기를 올려놓고 통화할 수 있는 유선이어폰과 무선이어폰, 그리고 아예 차량 자체에서 휴대전화기를 인식하는 핸즈프리 기능까지 발전되어 왔다. 여기서 말하는 핸즈프리 기능은 휴대전화기를 차량의 한 부분으로 인식하고 운전자가 별다른 조작 없이 안전하게 통화할 수 있도록 해주는 장치이다.

하지만 핸즈프리가 있더라도 휴대전화기에 입력된 전화번호를 찾고 문자메시지나 메신저로 메시지를 보내기 위해 한 손으로만 운전대를 조작하는데 이는 전방 주시가 분산될 수 있으므로 교통사고가 발생할 수 있다. 운전 중에는 꼭 필요한 통화만을 하고 전화를 걸 경우에는 차량을 정차한 후에 반드시 핸즈프리를 활용하도록 한다.

차량의 핸즈프리 세팅하는 방법_ 기아자동차 포르테
스마트폰의 종류에 따라 세팅 방법이 다를 수 있음

[차량 설정]
❶ 점화스위치는 'ACC', 'ON' 또는 시동 상태로 위치한다.
❷ 오디오의 SETUP 버튼 누른다.
❸ SETUP 활성화 창에서 'PHONE' 또는 'BT' 선택하고 ENTER를 클릭한다.
❹ 블루투스 상세메뉴에서 PAIR를 선택한다(휴대전화기 등록 모드의 인증번호가 표시).

[휴대전화기 설정]
❶ 휴대전화기에서 블루투스 기능을 활성화하고 주변기기 검색한다.
❷ 등록해야 할 차량을 선택하여 차량의 인증번호를 휴대전화기에 등록한다.

운전 중에 문자하기

인터넷의 SNS_{Social Network Service} 및 인터넷 무료메신저_{카톡}의 대중화로 인하여 휴대전화기_{스마트폰}는 쉴 새 없이 '뿍~뿍', '띵~동', '문자 왓숑~' 알림음이 울리면 휴대전화기를 확인하는데, 이러한 사회적 현상은 자동차를 운행할 때도 마찬가지이다.

운전 중에는 운전자의 시선이 항상 전방을 주시해야 사고 위험이 그만큼 낮아지는 것인데, 운전 중에 문자를 확인하고, 답장을 보내기 위해 휴대전화기를 주시하게 되면 전방을 주시하는 시간이 그만큼 짧아져 사고 위험이 커지게 되는 것이다.

최근에는 이러한 안전을 고려하여 음성으로 문자 메시지를 전달하는 스마트폰용 애플리케이션이 개발되어 활용되고 있지만 실제로는 음성 인식률이 100% 이루어지지 않아 메시지가 제대로 입력이 되었는지 일일이 확인을 해야 하고 제대로 수신되었는지도 확인해야 하기 때문에 이 역시 추천하는 바는 아니다.

이렇듯 운전 중에 전방 주시가 잘 이루어지지 않아 가벼운 접촉사고에서 대형사고로까지 이루어질 수 있고 이러한 사고율은 일반 사고보다 수배가 높다고 한다. 생명보다 소중한 내용은 없을 것이다. 이제부터라도 운전 중에는 문자 알림음을 무음으로 전환하도록 하자. 작은 습관 하나가 우리의 생명을 지킬 수 있다.

생명의 지킴이 안전벨트

자동차 정비업계에서 20여 년을 근무한 필자의 경우 자동차 사고를 당한 수많은 운전자를 볼 수 있었다. 자동차 사고 후에 운전자가 직접 정비소를 방문하는 경우는 대부분 안전벨트를 하고 운전했던 반면, 운전자 대신 다른 사람이 방문했을 경우에는 안전벨트를 매지 않아 심하게 다치거나 심할 경우에는 사망에 이르는 걸 수없이 보아왔다.

안전벨트는 생명 벨트

한 번이라도 교통사고를 겪어본 사람들은 알고 있을 것이다. 안전벨트가 운행 중에는 다소 불편할 수 있지만 사고 시에는 얼마나 소중한 것인지를….

필자도 운전을 시작한 지 얼마 되지 않아 서울의 동부간선도로의 커브 길에서 속도를 줄이지 못하여 눈길에 차량이 미끄러져 도로 바깥쪽 배수로 턱을 부딪쳐 자동차가 옆으로 한 바퀴 전복되었던 적이 있었다. 다행히 그 당시 안전벨트를 매고 있어 몸은 무사했지만, 자동차는 완전히 손상되어 폐차한 경험이 있다. '만약 그 당시 안전벨트를 매고 있지 않았다면……' 생각만 해도 끔찍한 일이다.

안전벨트에 대한 운전자와 조수석에 대해 필수 착용의무를 법으로 규정하고 있다 도로교통법 제50조 특정 운전자의 준수사항, 도로교통법시행규칙 제31조 좌석안전띠 미착용 사유.

운전 중에 발생하는 사고는 운전자와 보조석 동승자의 위험도가 높은 것이 사실이지만, 뒷자리의 동승자 역시 위험에 노출되는 것도 마찬가지이다. 최근에 안전벨트의 중요성이 날로 강조됨에 따라 이제는 고속도로에서 뒷좌석도 안전벨트 착용의무화가 된 것은 다행이다 참고로 2015년부터 모든 도로에서 전좌석 안전벨트 착용의무화가 이루어진다.

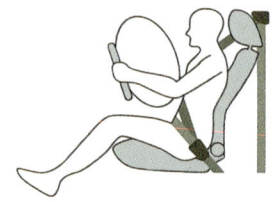

어릴 때부터의 습관이 평생 습관으로

자동차제조업체들은 안전벨트를 만들 때에는 성인 기준으로 제작된다. 이러한 벨트는 유아나 어린이들에게 사용할 경우 매우 위험하고, 어린이들이 그 벨트를 맬 경우에는 벨트의 위치와 착용감이 매우 떨어질 것이다. 자동차에 탑승할 때마다 카시트나 앉히거나 보조용 안전벨트를 사용하면 그 아이들이 자라면서 습관화되어 스스로 안전벨트를 맬 것이다.

최근에는 안전에 대한 인식이 높아지고 유아용 카시트가 대중화되면서 어린이들을 위한 보조용품들이 많이 출시되고 있는 것처럼 점차 국내의 자동차 문화가 진화되고 있음을 일부나마 보여지고 있다. 자동차업계 어느 선배의 말처럼 "아이들은 뒷좌석에서 부모가 운전하는 모습을 보고, 그렇게 자란 아이들이 처음으로 자동차를 구매하고, 중고차로 팔고 다시 자동차를 구매하면서 한세대가 그 나라의 자동차 문화를 형성하고 발전시킨다"고 한다. 이렇듯 자동차 문화가 발전되기에는 많은 시간이 필요하다.

유아용 카시트

어린이용 안전벨트 보조용품

쉬어가기 05 | 특별한 날을 위한 차량관리요령 I 장마철

타이어 마모

● 타이어를 정면에서 자세히 보면 홈이 있음을 알 수 있으며, 이 홈의 깊이가 작으면 흔히 타이어가 마모됐다고 하며 빗길에서 미끄러지는 현상이 발생할 수 있다. 장마철에는 꼭 타이어를 점검하여 교체가 필요할 경우 타이어를 새 것으로 교환하여 안전한 운전을 할 수 있다.

 수막현상
타이어가 물위를 뜨는 현상으로 제동력 및 조향력을 상실됨

타이어 공기압

● 타이어 공기압은 평소보다 10% 정도 더 탱탱하게 해주어야 타이어 홈 사이로 물의 배수가 잘 이루어져 타이어가 미끄러지는 것을 방지할 수 있다.

 타이어 공기압
운전석 문을 열면 확인 가능하며 타이어가 차가운 상태에서 30psi(2bar) 정도됨으로 장마철에는 33psi로 주입

와이퍼 및 워셔액

● 장마철에는 차량 시동 시 와이퍼의 작동 및 워셔액 분무를 통하여 정상 유무를 점검(아침에 가볍게 앞유리 청소한다는 느낌으로 해주어야 한다. 갑자기 내리는 폭우로 인하여 시야 확보가 어려운 경우와 특히 야간인 경우, 와이퍼가 작동하지 않아서 위험을 느껴본 사람들이 종종 발생한다.

 비오는 날 와이퍼가 작동하지 않을 때
① 암 연결부 볼트 헐거워짐
② 휴즈 점검
③ 와이퍼 모터 점검

서리 제거

- 창문 안쪽에 서린 김을 제거하기 위해서 최근의 차량에는 '디프로스터 defroster'라는 버튼유리창에 김이 올라가는 형상이 있으며 작동 여부를 확인
- 버튼이 없는 차량은 에어컨 버튼을 활용하여 버튼을 누르고 풍향이 앞유리창으로 조절하여 성능을 확인한다.

에어컨 곰팡이 냄새

- 눅눅해진 장마철에는 특히, 에어컨에서 곰팡이 냄새가 심해져 자동차 탑승자의 건강을 위협하기도 한다. 올바른 차량운행을 위해서 여름철에는 목적지 도착 2~3분 전에 에어컨을 끄고, 바람만 나오게 하여 습기와 냄새를 예방하고, 연료도 절약할 수 있다.

바닥 습기 제거_{신문지}

- 아날로그적인 방식이긴 하지만 장마철에는 실내 매트 사이에 신문지를 깔아서 습기로 인한 곰팡이 서식을 막도록 한다. 신문지로 인해 차량 내부의 습도가 낮아져 있어서 뽀송뽀송한 느낌이 들 수 있을 것이다.

마지막으로 장마철에는 꼭 앞차와의 차간거리를 충분히 확보하고, 평소 주행속도보다 20~50% 감속하여 운전하여 사고를 방지하는 제일 중요한 습관이다.

안전을 위한 차량 관리

VI

차량의 운행주기에 따라 노후화되는데 평소의 차량 관리는 곧, 안전운전과 직접적인 관련이 있다. 예를 들어, 타이어의 마모에 따라 제때에 타이어를 교환하지 않고 비 오는 날에 고속주행을 하다가는 미끄러져 대형사고가 일어날 수 있다. 여기서는 모든 차량의 관리를 다 열거할 수는 없지만 자주 사용되는 소모품 위주로 알아보자.

타이어 점검 및 교환

타이어 점검 방법

고무 재질로 되어 있는 타이어는 운행 주기에 따라 고무가 마모되고 원래 기능을 상실하게 되면 교체해 주어야 한다. 이러한 부품들은 일반적으로 '차량 유지관리용 소모품'이라고 불린다. 그 대표적인 것이 바로 타이어이다. 평균적으로 5만km를 주행하면 교체시기가 되었다고는 하지만 이는 자동차의 운행 상태와 운전자의 운전습관에 따라 달라지게 된다.

운전자가 쉽게 일반적으로 타이어의 교체시기를 확인하는 방법은 타이어 배수로에 있는 마모한계선을 보고 확인이 가능하다.

친절하게도 타이어 제조사에서는 타이어에 교체시기를 알려주는 표식을 해줌으로써 운전자가 교체시기를 확인할 수 있게 해주고 있다.

타이어 마모한계선

타이어를 교체하는 시기는 보통 마모한계를 확인하여 하는 것이 일반적이며, 또 다른 방법으로는 타이어의 제조 연식을 보고 판단하는 경우가 있다. 최근 식료품에서도 신선도를 파악하기 위해 제조일자를 중요시 하는 것처럼 타이어에도 제조일자를 통하여 타이어의 상태를 가늠해 볼 수 있다.

일반적으로 타이어제조사는 타이어의 수명을 평균적으로 4~5년으로 권장하고 있다. 이는 타이어가 오래되면 성능이 저하되고 장기간 외부 노출로 인하여 외형이 손상될 확률이 높기 때문이다. 타이어의 연식을 확인하는 방법은 타이어 제조사가 타이어에 옆 면에 표시하고 있고, 옆 면을 보면 DOT_{미국 운수성, Department of Transpotation} 번호 4자리를 확인할 수 있다. 예를 들어 '2113'이라고 쓰여 있으면 2013년 21주차에 생산되었다고 해석할 수 있다. 첫 번째 두 자리는 몇째 주, 두 번째 두 자리는 연도를 나타낸다.

참고로 타이어의 DOT 번호 4자리는 타이어의 한 면에만 표시됨으로 바깥면에 없으면 안쪽 면에 표시되어 있다고 보면 된다.

타이어의 구조

1.5톤의 자동차를 지탱해 주는 타이어는 매우 중요한 역할을 하고 있다. 특히, 고속에서 주행할 때에는 운전자의 안전을 지켜주면서 자동차의 역사와 함께 발전되고 있다.

타이어의 구조를 보면 단순하게 고무로만 이루어진 것이 아니다. 단면을 보면 상당히 과학적인 방법으로 진화된 것을 알 수 있다. 여기서 타이어의 구조에 대한 내용은 언급하지 않겠지만, 타이어를 이해하는 차원에서 단면 사진을 보고 바닥 면과 옆 면의 차이만이라도 이해하고 넘어가자.

사진에서 보는 바와 같이 바닥 면보다 옆 면이 더 얇다는 것을 알 수 있듯이 옆 면에 상처가 날 경우 파손에 매우 취약한 구조로 되어 있다. 때문에 상처가 날 경우에는 타이어를 무조건 교체해야 한다. 또한, 자동차를 오래 타다 보면 바퀴가 틀어지거나 타이어가 한쪽으로만 마모되는 현상이 발생되는데 휠얼라이먼트 Whell Alignment를 통해 타이어 위치 조정이나 이상유무를 판단하여 교체하도록 하자.

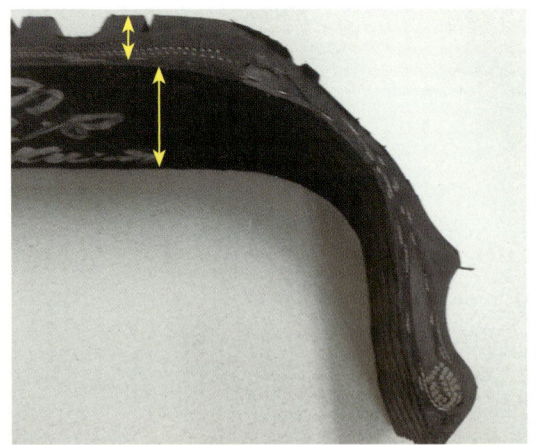

타이어 공기압

자동차를 구매하고 나서 폐차하기 전까지 타이어의 공기압이 일정하면 평소 타이어 공기압에 신경을 쓰지 않아도 될 것이다. 하지만 현재의 과학 기술로도 자동차의 타이어 공기압을 자동차 스스로 일정하게 유지하는 것은 불가능하므로 수시로 운전자는 타이어의 공기압을 적정 수준으로 맞춰서 차량을 운행해야 한다.

물론, 동네 자동차정비소를 방문 때에 정비사가 알아서 맞춰주기는 하겠지만, 운전자 스스로 타이어 공기압에 대한 지식을 갖으므로 해서 안전하게 운행할 수 있도록 하자. 최근에는 고속도로 휴게소나 주유소 등에서도 셀프 체크가 가능한 DIY 공기압 기계들이 비치된 것을 볼 수 있다.

타이어 공기압을 맞추기 위해서는 출고 당시 타이어 공기압을 미리 파악하여야 하며 그 표시는 일반적으로 차량의 운전석 문을 열면 스티커로 부착되어 있다. 만약 스티커가 부착되어 있지 않다면 오너스 매뉴얼_{자동차 설명서}이나 제조사 인터넷 사이트에 접속하여 해당 자동차의 타이어 공기압을 확인하면 된다.

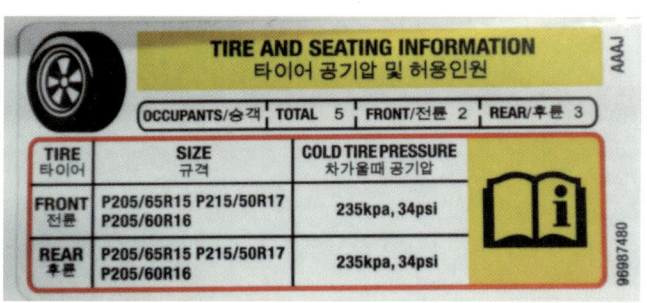

타이어 공기압 기준은 냉간 시 압력을 나타낸다

'냉간' 시라고 함은 자동차를 운행하기 전의 상태를 말한다. 즉, 타이어 내부가 차가워진 상태를 뜻하므로 만약, 차량을 한동안 운행하다가 인근 정비소에 방문하여 타이어 공기압을 맞춰야 하는 경우에는 타이어의 내부는 열이 발생(이를 '열간'이라고 함)될 것이므로 이보다 10% 정도 높게 세팅하여 넣어주어야 한다(예로 냉간 시 30psi가 기준이면 열간 시는 33psi 정도).

타이어 사이즈 읽기

타이어를 교체하기 전 알아야 할 것은 "사이즈가 어떻게 되느냐?"라고 누가 물어보면 바로 쉽게 대답하는 운전자가 많지 않을 것이다. 그래도 내 차의 타이어 사이즈 정도는 알고 넘어가도록 하자.

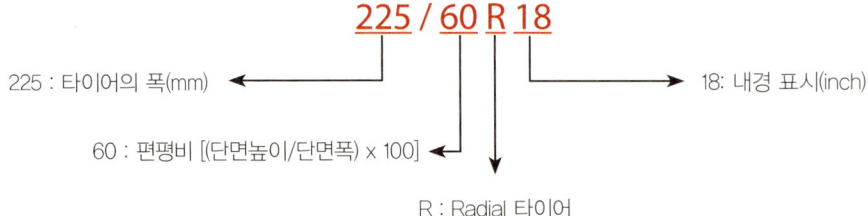

엔진오일 점검 및 교환하기

최근에 출시되는 자동차는 약 3만여 개의 부품으로 이루어진다. 이러한 부품들은 점차 전자 방식 부품들로 바뀌는 추세지만 자동차를 움직이게 해주는 구동 쪽은 주로 철이나 합금으로 이루어져 부품들끼리 맞물려 움직이는 방식으로 제품들이 상당 부분을 차지하고 있다. 이러한 장치들이 하나의 형태로 움직이기 위해서는 꼭 필요한 것이 윤활유이며, 윤활유를 대표하는 것은 엔진오일이 있다.

물론, 엔진오일은 윤활유의 역할 뿐 아니라 마찰감소, 냉각, 방청, 세척, 응력 분산 등 여러 가지 역할을 하지만, 엔진오일이 왜 대표적으로 윤활유라고 불리는 것은 다른 윤활유보다 교체주기가 빠르다는 것이다. 엔진오일은 보통 5,000~7,000km 주행 후 교체하기 때문이다.

엔진오일 점검 및 교환하기

엔진오일의 상태를 점검하기 위해서는 우선 보닛을 열고 엔진에 꽂혀있는 오일 게이지를 통해 확인이 가능하다.

오일 게이지를 뽑아서 유관으로 확인해 보면 두 가지를 볼 수 있다. 우선 첫 번째로 적당량의 엔진 오일이 엔진 내부에 있는지에 대한 여부다. 이것은 게이지 하단부에 표시된 F$_{full}$와 L$_{low}$ 사이에 오일이 묻어나오면 정상이라고 볼 수 있다.

자동차를 운행하면 엔진오일이 조금씩 줄어드는 것은 매우 정상적이다. 혹시, 엔진오일이 줄어든다고 너무 걱정하지 않아도 된다. 다만, 줄어드는 양이 너무 많으면 엔진 상태를 점검해 보아야 하므로 가까운 자동차정비소에 가서 전문정비사를 통하여 점검을 받아 보도록 하자.

두 번째로 확인 가능한 것이 엔진오일의 색이다. 물론 색으로만 엔진오일 교환 여부를 판단하는 것이 어려울 수 있지만, 엔진오일 교환 시 참고 하도록 하자. 최초의 새제품의 엔진오일 색은 투명한 노랑이나 맑은 갈색이지만 오염이 심하면 짙은 갈색으로 변하기 때문이다. 이는 흔히 정비현장에서 엔진의 높은 열을 지속적으로 받아 오일이 탔다고 표현하기도 한다.

엔진오일의 종류에 따라 크게 광유와 합성유로 나누는데 이것은 원유에서 오일의 정제 과정에 따라 품질이 좀 더 좋은 제품을 합성유라고 이해하면 될 것이다. 물론 시중에 판매되는 소비자 가격도 광유보다 합성유가 비싸고 사용기간도 오래 쓸 수 있다.

앞에서 설명한 대로 엔진오일의 교체주기를 광유일 경우 5,000~7,000km로 권장하고 있으니 참고하기 바란다.

엔진오일 필터 교환하기

엔진오일을 교환할 때 같이 교환하는 것은 엔진오일 필터이다. 엔진오일 필터의 역할은 평소 엔진오일이 엔진 내부를 순환할 때 불순물 등을 걸러주는 역할을 주로 한다.

최근에는 엔진오일 필터의 종류에 따라 스핀온 타입깡통처럼 생김과 에코 타입 껍데기 없음의 두 종류가 있는데 나중에

에코타입   스피온 타입

자동차정비소에 가면 내 차의 엔진오일 필터는 어떤 타입을 사용하는지 정비사에게 물어보고 실제 모습도 확인해 보도록 하자.

에어크리너 점검 및 교환하기

자동차의 주동력원인 엔진에서 강력한 폭발력을 내기 위해서는 연료_{가솔린 또는 디젤}가 주원료이지만 연료만으로는 폭발이 이루어지지 않는다. 여기에 일정한 비율의 공기를 섞어주어 주입하여야 한다. 이때 외부에서 빨아들인 공기를 깨끗이 정화해주는 것이 바로 에어크리너이다.

만약 에어크리너에서 불순물을 걸러내지 않고 그대로 엔진 내부로 주입하게 되면 엔진은 치명적인 고장을 일으키게 되고, 더러워진 에어크리너는 충분한 공기를 빨아들일 수 없어 정상적인 폭발이 이루어지지 않는다. 여러 가지 형태의 에어크리너는 차량 설계 시 결정되고 여과물질에 따라 부직포 타입과 여과지 타입으로 크게 나누어진다.

에어크리너는 보통 보닛을 열면 엔진 근처의 네모난 박스 안에 있으며, 몇 개의 클립을 풀어 쉽게 빼낼 수 있고 바로 눈으로도 확인할 수 있다. 보통 엔진오일을 교환할 때 같이 교환하면 된다. 물론 엔진오일 교환 2회 때 1번 정도 교환을 추천하기도 하나, 교체 비용이 부담되지 않으므로 필자는 엔진오일 교환할 때 교환할 것을 권장한다.

그리고 내 차를 운전자가 점검할 경우에도 에어크리너의 오염이 심하면 자동차정비소로 가서 교체하도록 하자.

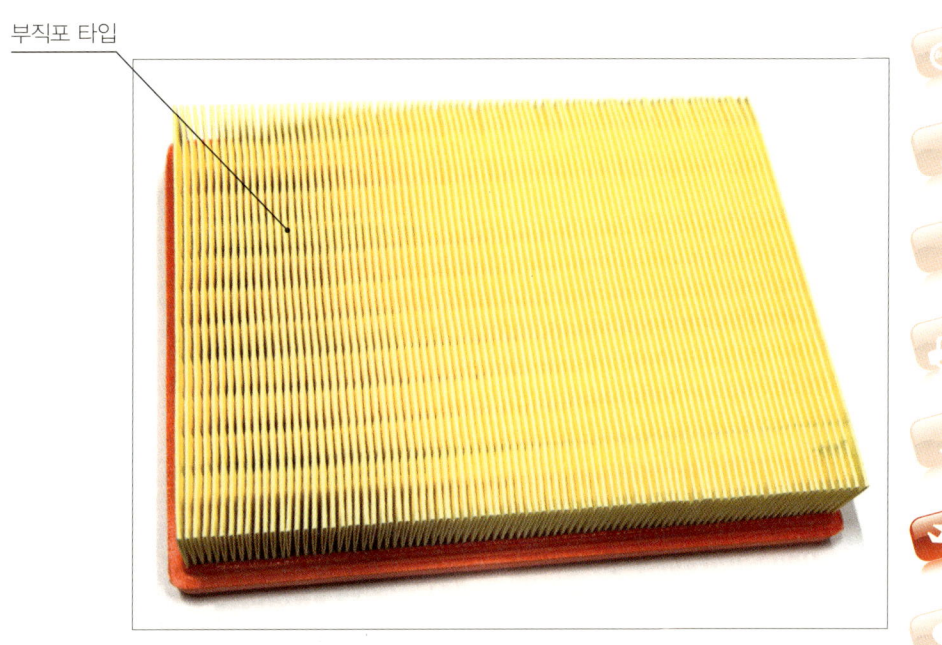

부직포 타입

여과지 타입

브레이크 패드 점검 및 교환하기

자동차의 안전한 제동을 위해서 사용되는 브레이크 패드에 대해서 알아 보도록 하자.

브레이크 패드와 라이닝

예전 자동차들은 브레이크 패드보다 브레이크 라이닝을 많이 사용했으나 최근에 출시되는 자동차에는 대부분 브레이크 패드를 사용한다. 하지만 화물차에는 여전히 브레이크 라이닝을 사용하고 있다.

브레이크 패드 교환시기

브레이크 패드도 소모품이다 보니 타이어에서와 마찬가지로 마모 한계를 알려주는 장치가 달려 있다. 브레이크 패드에서는 이것을 인디케이터indicator라고 부르며, 패드가 거의 닳아 사용이 어렵게 되면 브레이크 페달을 밟을 때 브레이크 패드 쪽에서 '끼~익, 끼~익'하고 철판이 끌리는 소리가 날 것이다.

이것은 브레이크 패드가 많이 닳았다는 것을 운전자에게 경고음으로 경고하는 것이다. 그렇다고 이러한 소리가 날 때까지 브레이크 패드를 사용하라는 것은 아니다. 혹시라도 이러한 경고음이 날 때까지 기다리다가 디스크를 손상시켜 수리 비용이 과다하게 나올 수 있으니 미리미리 점검하여 교환하는 것이 경제적으로 차량관리 하는 것이다.

보통 정비현장에서는 남아있는 패드의 두께가 3.0mm 이하일 경우 교체하는 것을 권장하고 있다. 타이어가 달려있는 상태에서 운전자가 외관으로 식별하기는 쉬운 일이 아닐 것이다. 하지만 손전등으로 활용하여 잘 살펴보면 패드의 두께를 볼 수 있다. 또한, 이러한 소모품의 교체가 언제 이루어지는가를 알고 정비사와 상담할 때에도 많은 도움이 될 것이다.

에어컨 필터 점검하기

일반적으로 불리는 '에어컨 필터'는 쉽게 이야기하면 여름철 에어컨의 차가운 공기뿐만 아니라 겨울철에도 따뜻한 공기를 정화하기 때문에 에어컨 필터라고 하기보다는 '케빈cabin 필터'라고 하는 것이 맞는 말이다. 하지만 정비현장에서는 그냥 에어컨 필터라고 이야기한다. 다시 말하면 에어컨 필터는 외부에서 유입되는 공기를 자동차 실내로 보내지기 전 필터를 통하여 깨끗하게 정화하여 보내주는 역할을 한다.

에어컨 필터는 에어컨과 히터를 사용할 때만 꼭 필요한 부품이라고 운전자들이 착각하기 쉬우나 절대로 그렇지 않다. 다시 말해 '케빈 필터'는 자동차 실내를 1년 내내 공기를 정화해주는 부품이라고 생각하여 주기적으로 교환해야 한다. 보통 교환주기는 6개월이나 주행거리 10,000km를 권장하고 있다.

신품 에어컨 필터

오염된 에어컨 필터

자동차에 따라 에어컨 필터는 운전자가 쉽게 교체가 가능할 수 있고, 일부 자동차에서는 교환하기 어려울 수도 있다. 우선, 자신이 보유한 차량의 에어컨 필터 교환을 시도해보고 교체가 어려우면 인근 자동차정비소를 방문하여 전문정비사의 도움을 받도록 하자.

참고로 시중에 판매되는 에어컨 필터는 성능을 높인 활성탄 성분의 에어컨 필터가 주로 유통되고 있으므로 에어컨 필터를 교환할 때는 일반 에어컨 필터인지 활성탄 에어컨 필터인지 어떤 제품으로 교환하는지를 유심히 지켜보도록 하자.

활성탄 에어컨 필터

일반 에어컨 필터

198 운전은 프로처럼, 안전은 습관처럼

냉각수와 부동액 점검 및 교환하기

자동차를 움직이게 할 수 있는 기본적인 부품은 '엔진'이다. 엔진에서 연료와 공기를 적당하게 혼합하여 폭발을 일으킴으로써 동력을 만든다. 이러한 동력을 만들기 위해서는 엔진 안에서는 엄청난 온도가 발생한다.

그 열을 식혀주기 위해서는 냉각수 부동액가 있다. 냉각수는 엔진 내부를 순환하면서 뜨거워진 냉각수를 라디에이터로 보내 라디에이터의 관으로 통과하면서 수온이 다시 낮아져 엔진 내부로 들어가게 된다.

특히 더운 여름날에 자동차 보닛에 하얀 연기가 피어나는 경우들을 볼 수 있다. 이는 엔진이 과열 오버히트, overheat되어 냉각수 부족이나

주로 냉각에 관련된 부품이 고장 난 경우이다.

두 얼굴의 액체

　냉각수의 역할은 앞에서 언급하여 잘 알 것이다. 냉각수의 또 다른 역할이 있다면 추운 겨울철에 자동차 실내를 따뜻하게 해주는 히터 역할이다. 언뜻 보면 무슨 소리일까 하겠지만 잘 생각해보면 쉽게 이해할 수 있을 것이다. 뜨거워진 엔진을 냉각수로 식히게 되면, 그 뜨거워진 냉각수는 다시 히터를 통과하면서 블로우 모터를 통해 자동차 실내로 뜨거운 바람을 보내게 되어 추운 겨울날 실내를 따뜻하게 해준다. 참고로 냉각수와 관련된 부품은 라디에이터, 서모스탯, 냉각수 리저브 탱크 등이 있다.

여기서 냉각수라고 하는 것은 식혀준다고 하여 '냉각수'라 불리며, 겨울철에는 이러한 액체가 얼지 말라는 의미에서 '부동액'이라고도 쓰인다. 이는 계절의 따라 다르게 냉각수와 부동액으로 불리는 것이다.

냉각수로 사용하기 좋은 물

차량용 냉각수가 흘러다니는 통로에는 부식으로 인하여 전체 라인에 구멍이 생김으로 차량에 심각한 문제를 일으킬 수 있다. 이러한 부식을 방지하기 위해서 부식방지 기능이 들어간 화학적케미컬 제품들이 나오고 있으므로 사전에 성능보강용 냉각수를 사용하면 라디에이터의 부식을 방지할 수 있다.

냉각수로 적합

냉각수로 부적합

그리고 차량운행 중에 냉각수가 부족하여 비상 시에 보충이 필요하면, 부식방지 차원에서 수돗물이나 정수기물 등을 사용하도록 하자. 생수나 샘물, 시냇물 등은 부식의 위험이 높아 권장하지는 않는다.

냉각수 자가 점검 시 주의사항

차량의 보닛을 열고 엔진룸을 보면 냉각수의 양과 상태를 점검하는 방법이 두 가지가 있는데, 그 첫 번째로는 냉각수 리저브 탱크를 확인하는 방법이고, 또 하나는 라디에이터의 압력 캡을 열어서 확인하는 방법이다.

일반적으로 첫 번째 방법이 주로 쓰이며, 두 번째 방법은 장갑을 벗고, 벗은 장갑으로 냉각수가 들어가는 뚜껑_{압력 캡}을 에워싸고 손바닥으로 누르면서 살짝 압력을 뺀 상태에서 완전히 열어주면 된다. 간혹 무심코 뚜껑을 열다가 화상으로 다치는 경우가 많으므로 주의를 기울여야 한다.

 냉각수의 종류(EG 계열/PG 계열)

시중에서 판매되고 있는 냉각수(부동액)는 대부분 에틸렌 글리세린(EG) 계열이 많이 사용되며, 일부는 프로필렌 글리세린(PG) 계열을 사용하는 경우도 있다. 단 주의할 것은 두 가지 계열의 냉각수를 혼합하여 사용하게 되면 부유물 등이 발생하여 냉각수 순환통로가 막히게 되므로 혼용하여 사용하지 말아야 한다.

배터리 점검 및 교환하기

차량에 장착된 부품들은 대부분 전기로 작동되며, 그 부품을 작동하기 위해서는 기본적으로 전원이 필요하다. 이러한 역할을 하는 것이 차량용 배터리이다. 우선 배터리는 시동을 걸 때 기동 전동기에 필요한 만큼 전원을 공급하고 시동이 걸린 후에는 엔진과 구동 벨트에 연결된 소형 발전기를 통하여 배터리로 지속하여 충전하는 구조로 구성된다.

최근에는 MF Maintenance Free 배터리라 하여 주로 사용하는데 이 배터리는 젤 상태의 물질을 사용하고, 내부 전극에 칼슘 성분을 첨가하여 배터리액이 증발하지 않아 증류수를 따로 보충해 줄 필요가 없다. 또 일반 배터리 납축전지 처럼 자주 손길이 가지 않고 수명도 훨씬 길어 시중에 많이 유통되고 있다.

배터리 점검 방법은 배터리의 상단에 표시된 점검 창의 색깔이 녹색이면 정상, 검은색이면 충전이 필요, 흰색인 경우에는 배터리를 교체하여야 한다. 보통 배터리 교체 주기는 3년 정도 되지만 배터리 사용 상태에 따라 그 주기가 변경될 수 있다. 참고로 일부 MF 배터리에는 점검 창이 없는 경우들이 있다.

일상생활에서 배터리가 방전되는 경우는 주로 주행 후 전조등을 켠 상태에서 시동을 끄고 밤새도록 켜 두었다가 아침에 시동을 거는 경우일 것이다. 그러면 배터리에 저장된 전원이 출력이 낮아져 시동이 걸리지 않는다. 최근에는 차량용 블랙박스가 많이 사용되면서 시동이 걸리지 않는다는 문의가 많이 들어온다. 자주 주행하지 않을 때에는 촬영 방식을 상시 모드에서 주행 모드로 바꿔 배터리 성능이 저하되는 일이 없도록 하자. 마지막으로 시동을 끌 경우에도 차량용 액세서리들이 전원이 동시에 꺼지게 하는 것도 경제적인 차량 관리일 것이다.

 배터리 방전 시 점프jump **하는 방법**

① 방전된 차량의 (+) 단자에 적색 케이블을 연결
② 정상차량의 (+) 단자에 적색 케이블의 나머지 한쪽을 연결
③ 정상차량의 (−) 단자에 검은색 케이블을 연결
④ 방전된 차량의 (−) 단자에 검은색 케이블의 나머지 한쪽을 연결
⑤ 방전된 차량에 시동을 건다.
⑥ 시동을 끄지 않은 상태에서 케이블을 역순으로 제거한다.

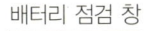

배터리 점검 창

204 운전은 프로처럼, 안전은 습관처럼

> **쉬어가기 06** 특별한 날을 위한 차량관리요령 II 장거리 여행

엔진오일 점검

- 장거리 운행을 위해서는 엔진이 장시간 동안 작동하므로 내부의 윤활이 매우 중요하다. 엔진오일의 양과 상태를 점검하여 출발 전에 보충 및 교환이 필요할 경우 조치해 주어야 한다.

냉각수 점검

- 장시간 운전으로 엔진 내부에서 발생한 열은 우리가 생각하는 것보다도 많이 발생한다. 효율적인 냉각을 위해 냉각 계통의 부품들을 점검하여야 하며 특히, 냉각수의 양이 모자를 경우에는 보충하고 오래된 냉각수는 성능이 저하되므로 새로운 냉각수로 교체한다.

타이어 점검

- 타이어 공기압은 더운 여름철에는 평소보다 10% 정도 더 높은 압력으로 넣어주며 겨울에는 눈길의 안전한 운행을 위해 정상 압력보다 약간 적게 넣어준다. 또한, 장거리 여행 전에는 타이어의 마모 및 파손 상태를 꼼꼼히 확인하여 조치를 취해주어야 한다. 혹시, 타이어 펑크일 경우 임시방편으로 플러그지렁이라고도 불리움를 활용하여 사용하고 가능하면 새 타이어로 교체하여 안전한 여행이 될 수 있도록 하자.

브레이크 패드 점검

- 자동차 운전 중에 수시로 발생할 수 있는 위험을 피할 수 있게 해주는 것이 바로 브레이크 패드이므로 장거리 여행 전에는 브레이크 패드의 마모 정도를 확인하여 운행

하여야 하며, 일반적으로 패드 두께가 3mm 정도 되면 교체를 해주어야 한다. 또한, 브레이크 패드뿐 아니라 브레이크 오일의 양도 확인하여 누유 여부를 꼭 점검하자.

와이퍼 점검

- 여름철 휴가를 위한 장거리 여행이나 겨울철 혹한기의 설 귀성길이건 장거리 운행은 지역에 따라 기후가 수리로 변하므로 운전자의 시야 확보를 위해 와이퍼의 작동 여부를 확인하는 것이 장거리 운전의 필수 점검사항이다. 와이퍼 점검 시 워셔액의 양도 같이 점검하도록 하며, 특히 겨울철에는 가능하면 어는점이 낮은 겨울용 워셔액을 사용하도록 하자.

전구류 점검

- 차량의 전구류에는 전조등, 안개등, 브레이크등, 차폭등 여러 가지의 전구들이 있으며 하나하나 점검하여 혹시 파손된 전구가 있으면 사전에 교체하여 사고가 나지 않도록 하자. 가로등이 없는 한적한 시골 길을 한쪽 전조등만으로 운행하다 갑자기 작동하는 전조등마저 고장 나면 운전자는 앞이 안 보여 큰 교통사고가 날 확률이 그만큼 커지는 것이다.

마지막으로 장거리 운전의 가장 중요한 것은 졸음운전을 방지하는 것이다. 2시간마다 휴게소에 들러 휴식을 취하고 잠이 쏟아질 경우 안전한 곳에 정차하여 10~30분 가수면을 취하고 다시 운행하도록 하자.

부록

중고차를 구매하여 안전한 운행을 하기 위해서는 새 차를 구매할 때보다 더욱 꼼꼼히 차량의 상태를 살펴보고 결정해야 한다. 또한, 차량의 정상적인 운행을 하기 위해서 평소에 소모품 교체 주기를 바로 알 수 있도록 주요 소모품 주기표를 추가하였다.

마지막으로 본 서적의 일부 내용을 인터넷 사전공개를 통해 네티즌들이 궁금했던 내용을 FAQ로 정리하였으니 많은 도움이 되길 바란다.

중고차 잘 고르기

일반 소비자들은 새 제품이나 중고품을 구매할 때 싸고 질 좋은 상품을 찾기 마련이다. 하지만 시장 가격대가 이미 형성되어 있으면 결코 싸고 좋은 매물을 찾기란 그리 녹록지 않을 것이다. 만약 인터넷을 통하거나 중고차 딜러를 만나지 않고 문의할 경우 현재 시세보다 저렴한 차량이 있어 한걸음에 나가보면 차량이 이미 팔렸거나 대형 사고나 침수차라는 등으로 고객을 기만하는 일이 비일비재할 것이다. 중고차를 어떻게 알아보고 구매해야 잘 사는 것일까?

우선 차량 구매에 앞서 자신이 주로 어느 용도로 사용할 것인지를 파악한 후 차종을 선택하도록 하자. 지인이나 전문가에게 자문을 받는 것도 중요하지만, 본인이 사용할 차량이므로 자신이 최종 선택하도록 하자.

구매할 차량을 선택하였다면 전반적인 시세를 각종 중고차 매매 사이트와 전화로 사전에 파악하고 구입할 차량의 중고자동차 성능·상태 점검기록부와 차량등록부 사본을 사전에 미리 요구하여 방문 전에 확인하여 허위매물로 인한 헛걸음을 방지하도록 하자.

중고 차량을 고르는 소비자라면 여러 가지로 많은 고민을 하겠지만, 무엇보다 혹시나 모를 사고나 침수 등으로 구매 후 잦은 고장이나 뒤늦게 말썽을 일으키지 않을까 노심초

사할 것이다. 이에 국토교통부에서 차량 구매자에게 사고를 알리도록 법적 장치를 마련한 것이 있는데 앞에서 말한 중고자동차 성능·상태 점검기록부가 있다. 차량을 구매하기 전에 중고자동차 성능·상태 점검기록부를 당당히 요청하여 사고나 침수 여부 등을 사전에 확인하도록 하자.

중고자동차 성능 · 상태 점검기록부[조회,참고용으로만 이용가능]

제 20-13-015966 호

1.차명	아반떼	2.자동차 등록번호	11마2042	3.주행거리 및 계기상태	116,241 km / ☐작동불량
4.연식	2007	5.검사 유효기간	2013.01.02 ~ 2015.01.01		
6.최초등록일	20070102		7.변속기 종류	☑자동 ☐수동 ☐세미오토 ☐무단변속기 ☐기타( )	
8.원동기형식	D4FB				
9.차대번호	KMHDU41TP7U083772		10.보증유형	☑자가보증 ☐보증사보증	
11.동일성확인(차대번호 표기)		☑양호 ☐상이 ☐부식 ☐훼손(오손) ☐변조(변타) ☐도말			
12.불법구조변경	☐ 없음 ☑있음	13.사고/침수유무(단순수리 제외)		☑유 ☐무	

14.자기 진단 사항	항목	양호	정비요	15.배출 가스	
	엔 진	☑	☐		일산화탄소(CO) : %
	변속기	☑	☐		탄화수소(HC) : ppm
					매연 : 0.031 %

16.주요장치	항목	해당부품	상태
		작동상태(공회전)	☑양호 ☐지연 ☐소음 ☐정비요
		압축상태(공회전)	☑양호 ☐불량 ☐정비요
	엔진오일	실린더 헤드	☑없음 ☐미세누유 ☐누유 ☐정비요
		실린더 블럭	☑없음 ☐미세누유 ☐누유 ☐정비요
		오일 유량 및 오염	☑적정 ☐부족 ☐오염 ☐교환요

16.자동차의 상태표기

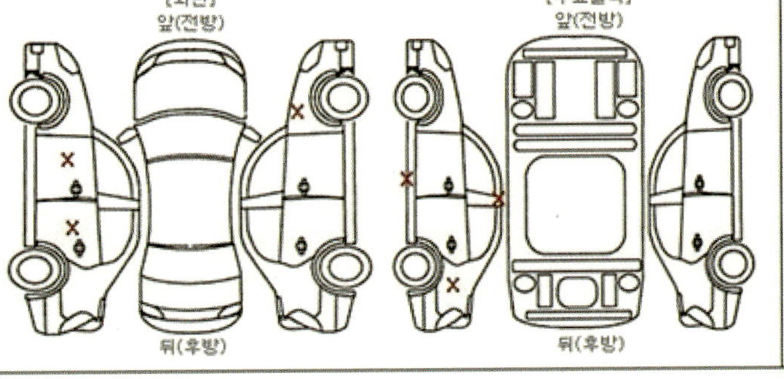

• 상태표시 부호
X:교환 (교체)
W:판금 용접

* 승용차 외에는 승용차에 준하여 표시

17. 외판 부위의 판금, 용접수리 및 교환

☐후드	☑프론트휀더	☑도어	☐트렁크리드
☐라디에이터 서포트 (볼트체결부품)	☐루프패널	☑쿼터패널	☑사이드실 패널

그리고 구입할 차량을 확인하기 위해서는 직접 차량을 보아야하는데 중고차 전시장을 방문할 때에는 맑은 날에 가도록 하고, 차량의 도장 상태를 꼼꼼히 살피는데 표면에 색의 차이가 없는지 차체가 일그러진 부분은 없는지를 확인하자. 그리고 용접부와 실링 상태를 주의 깊게 살펴 새 차와 같이 매끄러운지도 점검한다.

이 밖에도 차체와 펜더에 연결된 볼트와 자동차 문을 고정하고 있는 볼트 등에 페인트가 벗겨져 있다면 사고 차량으로 의심할 수 있다. 그 이유는 수리로 인해 볼트의 도색이 벗겨지거나 교체될 수 있기 때문이다. 마지막으로 유리는 대부분 차량이 제작되기 전에 먼저 생산되므로 유리에 표기된 제조년원일 부호와 자동차등록증의 제조년식을 비교하도록 하자.

차량 등록증의 차대번호로 연식 확인하기

차대번호 앞에서부터 10번째 자리를 보고 제작년도를 확인한다.

KMHEM42AP**X**A000001

X : 1999, Y : 2000, 1 : 2001, 2 : 2002, 3 : 2003, 4 : 2004,
5 : 2005, 6 : 2006, 7 : 2007, 8 : 2008, 9 : 2009, A : 2010,
B : 2011, C : 2012, D : 2013

차량을 구매하기 위해 중고자동차 전시장을 방문하거나 직접 거래를 하는 경우에도 꼭 대상 차량을 다음 페이지에 나와 있는 것을 참고하면서 직접 운행하여 구매를 결정짖도록 하자.

차량점검 POINT

시동 전

① 오일 계통이 누유되거나 흘러내린 흔적이 있는지?
② 엔진룸에 내부 오염 등이 없고 관리 상태가 좋지 않은지?
③ 각종 오일량은 적당하며 오염이 심하지 않은지?
④ 팬벨트의 장력이나 균열은 없는지?
⑤ 계기판의 작동이 양호하고 고장경고등이 켜져 있는지?
⑥ 실내외 등화장치의 작동은 양호한지?
⑦ 와이퍼와 워셔액 분사가 제대로 이루어지는지?
⑧ 타이어의 마모량이 양호한지?
⑨ 에어컨/히터의 작동은 양호한지?
⑩ 경음기의 작동은 양호한지?
⑪ 오디오는 정상적으로 작동하는지?
⑫ 윈도와 선루프의 작동은 양호한지?
⑬ 신차 출고 시 제공되는 기본 공구는 있는지?

시 동

① 시동음이 양호한지?
② 공회전 상태가 좋은지?
③ 배출가스의 색이 이상 없는지?

④ 엔진이나 변속기 등에서 소음이나 진동이 발생하는지?

시운전 시

① 엔진에 소음이나 진동이 발생하는지?
② 제동 시 한쪽으로 쏠리거나 소음이 발생하는지?
③ 과속방지턱이나 요철 등을 지날 때 진동이나 이상음이 발생하는지?
④ 핸들의 떨림이나 쏠림이 없는지?

기타

① 보험사 자동차사고 여부 확인하기 보험개발원 카히스토리_ http://www.carhistory.or.kr/

마지막으로 차량을 구매하기 전에 고려해야 할 사항으로 최대한 보증기간이 남아 있는 차량을 선택하자. 싼 게 비지떡이라고 무턱대고 구매하면 나중에 수리비용이 더 들어갈 수 있기에 구매할 예상금액이 부족하다면 최대한 소모성 부품의 교환과 정기점검이 끝난 차량을 구매하는 것을 권장한다.

정보제공 정태욱(내 차 사용설명서) 저자

안전운전을 위한 정비소모품의 교체주기

주요 정비소모품의 교환주기는 차량의 상태, 운행조건, 정비사나 운전자의 판단에 따라 결정하는 것이 정답이다. 책에서 제시하는 각 부품의 교환 주기는 국내 정비 시장에서 일반적으로 통용되는 교환주기이니 참고하도록 하자.

항 목	교환주기		
	정비소(A)	정비소(B)	정비소(C)
엔진오일	5,000~7,000km(광유)	5,000km	5,000km
오토미션오일	30,000~40,000km	120,000km	40,000km
파워오일	40,000~50,000km	-	40,000km
브레이크오일	30,000~40,000km	20,000km	40,000km
냉각수(부동액)	2년	40,000km	2년, 40,000km
배터리	3년	100,000km	2~3년
구동벨트	30,000~40,000km	20,000km	40,000km

부록 213

항 목	교환주기		
	정비소(A)	정비소(B)	정비소(C)
타이밍 벨트	60,000~80,000km	70,000km	70,000~80,000km
로커 커버 캐스킷	누유	-	-
전화플러그	30,000km(일반) 80,000km(백금) 160,000km(이리듐)	20,000km(플러그) 40,000km(배선)	40,000km
연료 필터	60,000km(가솔린) 30,000km(커먼레일)	20,000km	40,000~60,000km(가솔린) 20,000km(디젤)
타이어	50,000km	-	-
브레이크 패드	3mm 이하(패드) 1mm 이하(라이닝)	20,000km(패드) 40,000km(라이닝)	20,000~30,000km(패드) 40,000~50,000km(라이닝)
로어암/어퍼암	부싱 마모, 소음	-	-
드라이브 샤프트	부츠 파손, 소음	100,000km	-
속업소버	누유 및 소음	50,000km	-
머플러	파손, 소음	40,000km	-
전조등/미등	단선, 깨짐	-	작동불량 시
브레이크등	단선, 깨짐	-	작동불량 시
에어컨 필터	6개월/10,000km	-	5,000~15,000km

자료출처 : 『내 차 사용설명서』 참고

안전운전 FAQ 인터넷 댓글

[타이어 공기압]

Q 여름철이랑 겨울이랑 타이어 공기압이 다른 걸로 아는데, 겨울에는 평상시보다 살짝 공기압을 줄여 주면 좋은가요? (jejuboy, 2013.11)

A 겨울철에 공기압을 줄여주는 것은 좋은 방법이 아닙니다. 차량의 적정공기압은 보통 운전석 옆에 스티커로 차에 부착되어 있으며 잘 보면 숫자 옆에 냉간 시 또는 차가울 때라는 표시기가 있을 것입니다. 이는 차량이 운행하기 전 또는 운행 후 타이어가 차가워졌을 때를 말하므로 일반적으로 운행하다가 동네 자동차정비소를 방문하게 되면 타이어가 뜨거워져 있는 상태이므로 스티커에 표시된 수치보다 10% 정도 더 넣는 것이 효율적인 운행 방법입니다.

[백미러]

Q 사이드미러에 동그란 거울 같은 것을 붙인 분들도 있던데 그게 정말로 도움이 되나요? (이**, 2013.11)

A 도움이 되기는 하지만 별로 추천하고 싶지는 않습니다. 운전자에 따라서는 조그마한 동그란 보조거울이나 네모난 보조거울을 활용하여 사각지대의 차량을 식별하는 데 도움이 된다는

부록 **215**

분들이 계시지만 기본적으로 차선 변경할 경우에는 일차적으로 방향지시등을 켜고 잠시 후에 고개를 돌려 확인한 후 도로 흐름에 지장이 없는 경우에 차선을 변경하는 것을 추천하고 싶습니다.

[운전대 부착물]

Q 운전대에 핸들 돌리개 부착하면 정말 위험한가요?(잡초, 2013.10)

A 사고가 발생할 경우에는 아주 위험합니다. 사고사례에서 보면 차량 충돌 시 가슴을 심하게 상하게 하기도 하고 안면과 충돌함으로써 실명을 하는 경우도 있으므로 과감하게 떼어 내셔야 합니다. 요즘은 파워 핸들로 손쉽게 핸들을 돌릴 수 있으나, 안전을 생각한다면 그냥 운전대만 활용하셔야 합니다.

[운전대 잡기]

Q 운전대를 잡을 때 엄지손가락을 운전대 안쪽으로 잡는 것보다는 바깥으로 파지해서 잡는 게 좀 더 신속하며 안쪽에 걸리어 손가락이 덜 다치지 않나요?(세노태, 2013.11)

A 손가락을 바깥으로 하여 조작하면 핸들조작을 위해 핸들에 힘이 전달되는 실질적 부분은 손바닥의 장심 옆 도톰한 부위와 손가락들이 됩니다. 이는 직선도로의 편한 도로환경에선 관계가 없으나 회전을 하거나 필요에 의한 조작과 급회피를 위한 조작 시에는 본능적으로 자연스럽게 엄지 손가락이 핸들 상부 안쪽 일부를 잡고 조작하게 되고 또한 그렇게 힘이 전달되어야

조작성이 안정감 있게 됩니다. 핸들 파지 시 엄지가 핸들 안쪽으로 위치해 있기에 사고 시 핸들이 역회전하여 손가락 부상이 뒤따른다는 표현이 이해가 되지만 실제 파지를 해보면 엄지 손가락이 핸들 안쪽으로 감겨 있을 만큼의 위치가 아닌 핸들 상단의 약간 안쪽에 위치하게 됩니다. 잘못된 파지법으로 인해 나타나는 사고는 대부분 손목 골절에 관련된 유사한 부상이며, 엄지 손가락이 부상을 당할 위치는 아닙니다. 추가적으로 주행 중 작은 돌이나 도로의 불규칙함으로 인해 핸들이 불특정 방향으로 갑자기 틀어졌을 시에도 엄지 손가락이 부상을 당할 수 있다는 의견엔 오히려 운전대를 잡고 있었던 파지 상태 또는 핸들을 잡고 있었던 힘이 부족했기에 운전대가 제대로 제어되지 않아 일어나는 현상으로 생각됩니다.

본 서적에서 올바른 파지법을 배워 습관화하면 잘못된 파지법에 의해 사고 시 손목 부상을 예방하고 평소 다양한 주행 시 핸들 조작의 편리성을 전달하는 게 주내용 포인트입니다.

[코너주행]

Q 아웃-인-아웃으로 주행하면 남은 차선 다 잡아먹고 정면출돌하지 않나요?(이**, 2013.12)

A 코너 주행 시에 가장 좋은 방법은 속도를 줄이고 주행 차선을 지키는 것이며, 추가로 차량의 조작성능을 높이기 위해서 회전 반경을 줄이려는 방법으로 아웃-인-아웃을 활용하는 것입니다. 아웃-인-아웃의 주행 방법은 남의 차선을 침범하거나 중앙선을 침범한다는 의미는 절대 아닙니다.

※ 본 내용은 인터넷(daum.net 초보운전탈출 코너)에 게시된 『안전운전』 댓글의 내용으로 구성함.

참고문헌

365일 행복한 안전운전(크라운출판사, 김창수) 2011.7.1

날아라 병아리(상상박스) 2013.3.1

내 차 사용 설명서(연두m&b, 김치현) 2013.5.8

도로로 나온 장롱면허(골든벨, 안기헌) 2012.8.6

신세대 자동차 새시 문화(골든벨, 배명호) 2011.2.25

안전운전의 모든 것(양서원, 양서편집기획실) 2010.7.10

자동차 공학(골든벨, 김홍건) 2000.9.13

자동차 아는여자(지식 너머, 정은란) 2013.6.23

중고차 잘사고 팔기(상상출판) 2013.6.20

초보에서 프로까지 안전운전의 모든 것(양서원) 2010.7.1

운전은 프로처럼, 안전은 습관처럼

2014년 2월 17일 초판발행
2015년 1월 20일 제1판2쇄 발행

저　　자 : 김치현, Jimmy Park
발 행 인 : 김 길 현
발 행 처 : 도서출판 골든벨
등　　록 : 제3-132호(87.12.11)
　　　　　ⓒ 2014 Golden Bell
ISBN : 978-89-85343-29-7

이 책을 만든 사람들
일 러 스 트 : 백정원	포　　토 : 정태욱
플래시애니메이션 : 배재현	본문디자인 : 최동규
표지디자인 : 최동규	제 작 진 행 : 최병석
오프라인 마케팅 : 우병춘, 강승구	온라인 마케팅 : 안재명
공 급 관 리 : 오민석, 김경아, 김미영	

- 주소 : 140-100 서울특별시 용산구 백범로 90 라길 14(문배동 40-21)
- TEL : (02)713-4135　　　　　● FAX : (02)718-5510
- E-mail : 7134135@naver.com　● http://www.gbbook.co.kr

※ 파본은 구입하신 서점에서 교환해 드립니다.

정가 15,000원